中建集团禁止、限制和推荐的工艺、设备、材料手册

中国建筑股份有限公司
中国建筑第八工程局有限公司　主编

中国建筑工业出版社

图书在版编目（CIP）数据

中建集团禁止、限制和推荐的工艺、设备、材料手册/中国建筑股份有限公司，中国建筑第八工程局有限公司主编. — 北京：中国建筑工业出版社，2024.3

ISBN 978-7-112-29690-3

Ⅰ. ①中… Ⅱ. ①中… ②中… Ⅲ. ①建筑工程-中国-技术手册 Ⅳ. ①TU-62

中国国家版本馆 CIP 数据核字（2024）第 058246 号

责任编辑：张　磊　万　李
责任校对：李美娜

中建集团禁止、限制和推荐的
工艺、设备、材料手册
中国建筑股份有限公司
中国建筑第八工程局有限公司　主编

*

中国建筑工业出版社出版、发行（北京海淀三里河路 9 号）
各地新华书店、建筑书店经销
北京鸿文瀚海文化传媒有限公司制版
临西县阅读时光印刷有限公司印刷

*

开本：787 毫米×1092 毫米　1/16　印张：11¼　字数：276 千字
2024 年 4 月第一版　　2024 年 4 月第一次印刷
定价：**88.00** 元
ISBN 978-7-112-29690-3
（42713）

本书编委会

主 编 单 位：中国建筑股份有限公司

中国建筑第八工程局有限公司

编 委 会 主 任：孙晓惠

编委会副主任：杨庭友　亓立刚

编 委 会 成 员：项艳云　陈　鹏　李忠卫　王桂玲　叶现楼

潘玉珀　刘文强　郑　洪　蒋雪城　张金鹏

陈　江　袁　壮　梅江涛　黄运昌　王靖靖

刘永辉　丁党盛　李新星　侯良磊　袁　涛

陈孝文　徐晓晖　时景彬　王付强　翟朝晖

刘　康　钟　鹏　郑　鹏　何　兴

前　言

　　为践行"一创五强"战略目标，落实"六个专项行动"工作部署，提升基础管理能力和建筑工程品质，降低施工安全风险，促进建筑业绿色发展，中国建筑股份有限公司结合住房和城乡建设部以及各省、自治区、直辖市相关文件，行业和企业发展现状及需求，组织编制了《中建集团禁止、限制和推荐的工艺、设备、材料手册》。本手册分禁止清单、限制清单和企业推荐清单三章，每章按工艺、设备和材料分为三节，以图文并茂的形式阐述了落后工艺、设备或材料的禁止或限制范围、条件以及可替代的先进工艺、设备、材料等，可为集团总体建造水平提升提供技术支撑。

目　　录

第 1 章

禁止清单

1.1 工艺类

禁止的工艺清单

1		现场简易制作钢筋保护层垫块工艺	
淘汰类型	☑禁止/□限制	限制条件和范围	禁止
		示例图片	
淘汰工艺简要描述	在施工现场采用拌制砂浆,通过切割成型等方法制作钢筋保护层垫块		
		示例图片	
可替代的施工工艺简要描述	专业化压制设备和标准模具生产垫块工艺等,垫块强度不低于15MPa	3-15全自动垫块机	
		垫块机是液压、振动相结合型的水泥垫块机。以河砂、石子、矿渣、页岩、煤矸石、粉煤灰等为主要原料,添加少量水泥,由该垫块机压制成型,经自然养护即可使用	

2	卷扬机钢筋调直工艺		
淘汰类型	☑禁止/□限制	限制条件和范围	禁止
淘汰工艺简要描述	利用卷扬机拉直钢筋	示例图片	
		利用卷扬机产生拉力来冷拉钢筋调直	
可替代的施工工艺简要描述	普通钢筋调直机、数控钢筋调直切断机等采用调直筒这种无钢筋延伸功能的钢筋调直工艺	示例图片	
		由电动机通过皮带传动增速,使调直筒高速旋转,穿过调直筒的钢筋被调直,并由调直模清除钢筋表面的锈皮	
3	钢筋"热弯"加工工艺		
淘汰类型	☑禁止/□限制	限制条件和范围	禁止
淘汰工艺简要描述	在钢筋加工过程中,加热钢筋,将钢筋弯曲至需要的形状	示例图片	
		加热钢筋至一定温度再用外力弯曲钢筋	
可替代的施工工艺简要描述	冷弯工艺(一次弯折到位)	示例图片	
		采用专业的冷弯机,将钢筋弯曲成所需形状	

R—弯曲半径;d—钢筋直径

4	石材及瓷板落后挂接工艺		
淘汰类型	☑禁止/□限制	限制条件和范围	禁止
淘汰工艺简要描述	销钉连接工艺、板材边部槽式连接的 T 形挂件及蝶形挂件连接工艺、板材背部直插或斜插入槽口的挑件连接工艺、胶粘剂连接工艺等	示例图片	
		槽形连接 T 形钩或销钉连接等形成相应骨架结构支撑外墙板材	
可替代的施工工艺简要描述	背栓挂件及组合式挂件（SE 形、H 形、C 形和 L 形等）连接工艺等	示例图片	
		基层和板材之间采用背栓或组合式挂件作相应龙骨结构来支撑外墙板材	
5	盖梁(系梁)无漏油保险装置的液压千斤顶卸落模板工艺		
淘汰类型	☑禁止/□限制	限制条件和范围	禁止
淘汰工艺简要描述	盖梁(系梁)无漏油保险装置的液压千斤顶卸落模板工艺	示例图片	
		盖梁或系梁施工时底模采用无保险装置液压千斤顶作支撑,通过液压千斤顶卸压脱模	
可替代的施工工艺简要描述	砂筒、自锁式液压千斤顶等卸落模板工艺	示例图片	
		砂筒卸落装置:包含砂筒和顶心,在侧面和底部开口实现干砂流出,调节卸落高度,安全稳固	

6	空心板、箱形梁气囊内模工艺		
淘汰类型	☑禁止/□限制	限制条件和范围	禁止
淘汰工艺简要描述	空心板、箱形梁气囊内模工艺	示例图片	
		用橡胶充气气囊作为空心梁板或箱形梁的内模	
可替代的施工工艺简要描述	空心板、箱形梁预制刚性（钢质、PVC、高密度泡沫等）内模工艺等	示例图片	
		高密度泡沫：内膜采用高密度泡沫，箱形梁一次浇筑成型，泡沫密度小，可不拆模	钢质内模：采用全液压式整体钢模，依靠油缸的驱动使模板张开和收缩，内模与外模采用螺栓连接，稳定性好
7	饰面砖水泥砂浆粘贴工艺		
淘汰类型	☑禁止/□限制	限制条件和范围	禁止
淘汰工艺简要描述	使用现场水泥拌砂浆粘贴外墙饰面砖	示例图片	
可替代的施工工艺简要描述	水泥基粘结材料粘贴工艺等	示例图片	
		水泥基粘结材料粘结强度高，硬化速度快，具有良好的保水性、和易性、抗流坠性。可实现超薄层施工，涂层厚度是传统工艺的二分之一以下，节约成本，并使其收缩率降低，不会因应力而造成装饰饰面的开裂和脱落	

8	切断机钢筋下料工艺		
淘汰类型	☑禁止/□限制	限制条件和范围	禁止
淘汰工艺简要描述	钢筋切断加工传统采用钢筋切断机,切断加工过程不能实现多根同时操作,施工工效较低;切断完成后钢筋端头断面常为马蹄形等不规则形状,切口钢筋在直螺纹套筒连接的时候不能顶紧,钢筋连接质量不易保证	示例图片	
		使用切断机进行钢筋下料	
可替代的施工工艺简要描述	用水锯、盘锯、带锯实施,可进行成捆钢筋的切断加工,切断方法方便快捷;操作时可批量亦可零散切断,过程中仅需一人即可完成切断加工,施工工效较传统工艺可提高30%以上,并且钢筋端头断面平整光滑,质量显著提高	示例图片	
		盘锯、带锯在切割速度、切割质量、精确度、自动化程度和适用性等方面具有明显的优势,能够提高生产效率、降低劳动强度,并且适用于各种型号及种类钢筋的切割需求	

1.2 设备类

禁止的设备清单

1	竹(木)脚手架		
淘汰类型	☑禁止/□限制	限制条件和范围	禁止
淘汰设备简要描述	采用竹(木)材料搭设的脚手架	示例图片	
		施工现场采用竹(木)材料搭设支模或防护脚手架	
可替代的设备简要描述	承插型盘扣式钢管脚手架、扣件式非悬挑钢管脚手架等	示例图片	
		承插型盘扣式钢管脚手架:立杆采用套管承插连接,水平杆和斜杆采用杆端和接头卡入连接盘,用楔形插销连接,形成结构几何不变体系的钢管支架	扣件式非悬挑钢管脚手架:为建筑施工而搭设的、承受荷载的由扣件和钢管等构成的脚手架与支撑架

2	简易起重机		
淘汰类型	☑禁止/□限制	限制条件和范围	禁止
淘汰设备简要描述	用于垂直运输施工材料或设备的鸡公吊、墙头吊等简易起重机	示例图片	
		鸡公吊就是小型提升机,严禁使用鸡公吊	
可替代的设备简要描述	汽车起重机、施工升降机等	示例图片	
		汽车起重机是装在普通汽车底盘或特制汽车底盘上的一种起重机,其行驶驾驶室与起重操纵室分开设置。施工电梯通常称为施工升降机,但施工升降机包括的定义更宽广,施工平台也属于施工升降机系列。单纯的施工电梯由轿厢、驱动机构、标准节、附墙、底盘、围栏、电气系统等几部分组成,是建筑中经常使用的载人载货施工机械	
3	手动吊篮(现场组装)		
淘汰类型	☑禁止/□限制	限制条件和范围	禁止
淘汰设备简要描述	依靠人力进行驱动的,用扣件和钢管等在施工现场组装搭设的作业吊篮	示例图片	
		吊篮采用钢管及玛钢扣件组装,钢管扣件端部伸出长度不小于100mm,吊篮外侧两侧面内皮用绿色密目网封严、锁死,底部用大眼尼龙网封严	
可替代的设备简要描述	电动作业吊篮等	示例图片	
		电动作业吊篮整机由悬挂机构、悬吊平台、提升机、安全锁、工作钢丝绳、安全钢丝绳和电器箱及电器控制系统等主要部分组成。吊篮为便于运输和搬运,产品出厂运输时按部件或组、零件进行分解,至施工现场后拼装成整机	

4		三点式安全带		
淘汰类型	☑禁止/□限制	限制条件和范围		禁止
淘汰设备简要描述	三点式安全带	示例图片		
				 三点式半身单绳小钩(3m绳)
		三点式安全带也称为半身式安全带,是指只紧固上半身的一种安全带,与人体有3个接触点(或接触部位),即与腰部和两个肩膀接触的系带		
可替代的设备简要描述	五点式安全带	示例图片		
		五点式安全带是工人在高空作业时预防坠落伤亡的个人防护用品,由围杆带、围杆绳、护腰带、安全绳、缓冲器、速差式自控器、吊绳等组件配合使用		
5		动圈式和抽头式硅整流弧焊机、磁放大器式弧焊机		
淘汰类型	☑禁止/□限制	限制条件和范围		禁止
淘汰设备简要描述	硅整流弧焊机控制参数少,调节精度低,效率较低,耗材大	示例图片		
		动圈式和抽头式硅整流弧焊机、磁放大器式弧焊机控制参数少,调节精度低,效率较低,耗材大		
可替代的设备简要描述	同体式、动铁芯式、晶闸管式弧焊机等	示例图片		
		晶闸管式弧焊机效率高,能够提供稳定输出电流,电焊操作精细,焊缝质量更好		

6	桥梁悬浇配重式挂篮设备		
淘汰类型	☑禁止/□限制	限制条件和范围	禁止
淘汰设备简要描述	配重式挂篮设备	示例图片	
		挂篮后锚处设置配重块平衡前方荷载,以防止挂篮倾覆	
可替代的设备简要描述	自锚式挂篮设备	示例图片	
		挂篮后锚处通过锚固装置锚固在已浇筑完毕的梁体上	
7	用摩擦式卷扬机驱动的钢丝绳式物料提升机		
淘汰类型	☑禁止/□限制	限制条件和范围	禁止
淘汰设备简要描述	摩擦式卷扬机无反转功能,吊笼下降时无动力控制,下降速度易失控,安全隐患大	示例图片	
可替代的设备简要描述	导轨式升降货梯	示例图片	
		不受安装环境限制,室内室外均可安装。设备运行稳定,实现多点控制,上下楼层连锁,达到安全使用的目的	

8			白炽灯、碘钨灯、卤素灯	
淘汰类型	☑禁止/□限制	限制条件和范围		禁止
淘汰设备简要描述	施工工地用于照明的白炽灯、碘钨灯、卤素灯等非节能光源	示例图片		
		白炽灯、碘钨灯、卤素灯等光源辐射出来的热量很大、能源利用率较低		
可替代的设备简要描述	LED灯、节能灯等	示例图片		
		LED灯：LED（Light Emitting Diode），发光二极管，是一种能够将电能转化为可见光的固态的半导体器件，它可以直接把电转化为光		节能灯：主要是通过镇流器给灯管灯丝加热，通过灯丝发射电子与氩原子产生弹性碰撞，氩原子受碰撞后获得能量又撞击汞原子，汞原子在吸收能量后，跃迁产生电离
9			简易临时吊架、自制简易吊篮	
淘汰类型	☑禁止/□限制	限制条件和范围		禁止
淘汰设备简要描述	简易临时吊架、自制简易吊篮	示例图片		
		简易临时吊架用钢筋焊成梯形架体，挂在外墙上，在梯形架体的横梁上铺设脚手板后，作为砌筑和装修脚手架使用		包括用扣件和钢管搭设的吊篮、不经设计计算就制作出的吊篮、无可靠的安全防护和限位保险装置的吊篮
可替代的设备简要描述	符合标准要求的电动吊篮、脚手架	示例图片		
		电动吊篮整机由悬挂机构、悬吊平台、提升机、安全锁、工作钢丝绳、安全钢丝绳和电器箱及电器控制系统等主要部分组成		脚手架：由杆件或结构单元、配件通过可靠连接而组成，能承受相应荷载，具有安全防护功能，为建筑施工提供作业条件的结构架体

1.3 材料类

禁止的材料清单

1	有碱速凝剂		
淘汰类型	☑禁止/□限制	限制条件和范围	禁止
淘汰材料简要描述	氯化钠当量含量大于1‰且小于生产厂控制值的速凝剂	示例图片	
		有碱速凝剂由于其膨胀率高,早期强度高,因而使混凝土结构出现裂缝,引起质量问题。使用不当混凝土结构易出现钢筋锈蚀,结构易受腐蚀,影响结构的安全性	
可替代的材料简要描述	溶液型无碱液体速凝剂、悬浮液型无碱液体速凝剂等	示例图片	
		无碱液体速凝剂由硫铝酸盐、酯类增塑剂、催化剂等化学成分合成,不含氯离子,不含碱金属的 K^+、Na^+ 离子,不锈蚀钢筋,不污染环境和伤害作业人员的身体;在喷射水泥浆、水泥砂浆、混凝土中掺入高性能无碱液体速凝剂,能加快水泥的凝结和硬化速度,提高早期强度,后期强度影响较小,甚至不降低	

续表

2		废机油隔离剂	
淘汰类型	☑禁止/□限制	限制条件和范围	禁止
淘汰材料简要描述	在施工现场以废机油或加工过的废机油作为混凝土脱模剂	示例图片	
		以废机油为主要原料,添加松香、皂角、洗衣粉、氢氧化钠等经混合调制而成。主要用作混凝土脱模剂,是预先涂布在模板内表面的涂料,能在混凝土和钢板模之间形成一层薄膜,从而防止两者粘结	
可替代的材料简要描述	混凝土专用脱模剂	示例图片	
		混凝土专用脱模剂又称混凝土隔离剂或脱模润滑剂,是一种涂于模板内壁,起润滑和隔离作用,使混凝土在拆模时能顺利脱离模板,保持混凝土形状完整无损的物质。同传统的脱模材料机油或废机油相比,脱模剂具有容易脱模、不污染混凝土表面、不腐蚀模板、涂刷简便、价格低廉等优点。然而,并非所有类型的混凝土脱模剂对各种材料制作的模板都适用,对于不同材质的模板及不同施工条件和饰面要求的混凝土须选用相适应的脱模剂,才能收到良好的效果	
3		纸胎油毡防水卷材	
淘汰类型	☑禁止/□限制	限制条件和范围	禁止
淘汰材料简要描述	以原纸作为胎体的防水卷材	示例图片	
可替代的材料简要描述	改性沥青防水卷材、自粘防水卷材等	示例图片	
		改性沥青防水卷材、自粘防水卷材:具有良好的抗穿刺性、延展性、附着性、抗老化性等性能	

4	再生料聚乙烯丙纶防水卷材		
淘汰类型	☑禁止/□限制	限制条件和范围	禁止
淘汰材料简要描述	再生料聚乙烯丙纶防水材料	示例图片	
可替代的材料简要描述	改性沥青防水卷材、自粘防水卷材等	示例图片	
		改性沥青防水卷材、自粘防水卷材：具有低温柔性好、耐热性能高、延伸性能好、使用寿命长、施工简便、污染小等特点	

5	非阻燃型密目式安全网		
淘汰类型	☑禁止/□限制	限制条件和范围	禁止
淘汰材料简要描述	普通非阻燃型密目式安全网	示例图片	
		施工现场为防止人或物件坠落而进行围护使用的普通非阻燃型密目式安全网	
可替代的材料简要描述	不燃或难燃材料制作的阻燃型密目式安全网	示例图片	
		不燃或难燃材料制作，强度高，网体轻，隔热通风，透光防火，防尘降噪，透气性好，并且不影响采光，可实现封闭式作业，美化施工现场	

6	非耐碱型玻璃纤维网格布		
淘汰类型	☑禁止/□限制	限制条件和范围	禁止
淘汰材料简要描述	不耐碱型玻璃纤维网格布	示例图片	
		以玻璃纤维机织物为基材,经特殊的组织结构绞织而成的不耐碱型玻璃纤维网格布	
可替代的材料简要描述	耐碱型玻璃纤维网格布	示例图片	
		以中碱或无碱玻璃纤维机织物为基础,经耐碱涂层处理而成。该产品强度高,粘结性好,服帖性、定位性极佳,广泛应用于墙体增强、外墙保温、屋面防水等方面	
7	烧结实心砖		
淘汰类型	☑禁止/□限制	限制条件和范围	严禁用于建设工程(文物、古建除外)
淘汰材料简要描述	资源、能源利用率低的烧结黏土制品	示例图片	
		烧结实心砖自身的重量较大,且体积较小,生产加工的过程中不仅毁坏大量有效耕地,而且会消耗大量原材料,且资源利用率较低	
可替代的材料简要描述	符合产业政策和标准要求的墙体材料(加气混凝土砌块、页岩空心砖等)	示例图片	
		加气混凝土砌块:一种轻质多孔,保温隔热、防火性能良好、可钉、可锯、可刨和具有一定抗震能力的新型建筑材料	页岩空心砖:是以页岩为主体添加煤矸石,以水泥为粘合物质,机械加压制成的空体保温建筑方形材料

8	黏土砖		
淘汰类型	☑禁止/□限制	限制条件和范围	禁止
淘汰材料简要描述	黏土砖(包括掺加其他原材料,但黏土用量超过20%的实心砖、多孔砖、空心砖)的生产毁坏耕地,污染环境,不符合国家产业政策	示例图片	
可替代的材料简要描述	各类非黏土砖(页岩、煤矸石、粉煤灰砖等)、建筑砌块及其他类型墙体材料	示例图片	
		蒸压粉煤灰砖:以粉煤灰、石灰或水泥为主要原料,掺加适量石膏和骨料经混合料制备、压制成型、高压或常压养护或自然养护而成	
9	氯离子含量大于0.02%的建设用砂		
淘汰类型	☑禁止/□限制	限制条件和范围	禁止在预拌混凝土、预拌砂浆中使用(上海市)
淘汰材料简要描述	氯离子含量大于0.02%的建设用砂	示例图片	
可替代的材料简要描述	氯离子含量不大于0.02%的建设用砂	示例图片	

10			氯离子含量大于 0.01％的建设用砂
淘汰类型	☑禁止/□限制	限制条件和范围	禁止在预应力混凝土(钢筋裸露的)、钢纤维混凝土、装配整体式混凝土结构、设计使用年限 100 年或以上的混凝土结构、其他有特殊要求的钢筋混凝土结构中设计使用(上海市)
淘汰材料简要描述	氯离子含量大于 0.01％的建设用砂	示例图片	
可替代的材料简要描述	氯离子含量不大于 0.01％的建设用砂	示例图片	
11			现场加工拼装建筑外窗(大型组装窗和带有转角的凸窗除外)
淘汰类型	☑禁止/□限制	限制条件和范围	禁止在新建、改建、扩建的民用建筑中使用(上海市)
淘汰材料简要描述	现场加工拼装建筑外窗(大型组装窗和带有转角的凸窗除外)	示例图片	
可替代的材料简要描述	工厂生产的成品建筑外窗	示例图片	

12	非烧结、非蒸压粉煤灰砖		
淘汰类型	☑禁止/□限制	限制条件和范围	禁止
淘汰材料简要描述	非烧结、非蒸压粉煤灰砖生产工艺落后，产品质量难以保证	示例图片	
		非烧结、非蒸压粉煤灰砖是指以粉煤灰、石灰或水泥为主要原料，掺加适量石膏、外加剂、颜料和骨料等，经坯料制备、成型、常压蒸汽养护而制成的实心粉煤灰砖。常压养护，硬化时间长，产品质量难以保证	
可替代的材料简要描述	蒸压粉煤灰砖	示例图片	
		蒸压粉煤灰砖是将通过压砖机制成的砖坯分放在蒸养小车上，经卷扬机牵引至蒸压釜内。在蒸压釜的高压蒸汽养护下，让其坯体中的原料发生作用，快速获得强度和各种性能，形成稳定的产品	
13	B_2、B_3 级保温材料		
淘汰类型	☑禁止/□限制	限制条件和范围	高层建筑外墙饰面
淘汰材料简要描述	B_2、B_3 级保温材料燃点低，并在燃烧过程中会释放大量有害气体	示例图片	
		高层建筑外墙饰面不得采用易燃、可燃材料。可燃保温材料，多见为 EPS 膨胀聚苯泡沫保温板与 XPS 挤塑板，这种材料燃点低，并在燃烧过程中会释放大量有害气体，已在高层建筑外墙保温中禁止使用	
可替代的材料简要描述	不燃、难燃（A、B_1 级）保温材料	示例图片	
		岩棉保温板：有良好的热阻性能、保温性能和声学隔热性能，可以有效地抑制热散失，保证空间的温度，节省能源；还具有很好的抗火焰性，耐火温度可达到 1200℃ 以上	

14	使用非耐碱玻纤或非低碱水泥生产的玻纤增强水泥空心板		
淘汰类型	☑禁止/□限制	限制条件和范围	陕西省、河北省、内蒙古自治区、重庆市、天津市
淘汰材料简要描述	使用非耐碱玻纤或非低碱水泥生产的玻纤增强水泥空心板	示例图片	
可替代的材料简要描述	符合《建筑隔墙用轻质条板通用技术要求》JG/T 169—2016等标准要求的轻质条板	示例图片	
		高性能石膏基喷筑墙体、硅钙复合夹芯板、聚苯颗粒水泥实心板、灰渣混凝土空心隔墙板、蒸压轻质加气混凝土隔墙板（ALC板）、冷弯薄壁型钢-石膏基砂浆复合墙体、发泡混凝土轻质实心墙板等		

第**2**章

限制清单

2.1 工艺类

限制的工艺清单

1			钢筋闪光对焊工艺
淘汰类型	□禁止/☑限制	限制条件和范围	在非固定的专业预制厂（场）或钢筋加工厂（场）内，对直径大于或等于 22mm 的钢筋进行连接作业时，不得使用钢筋闪光对焊工艺
淘汰工艺简要描述	人工操作闪光对焊机进行钢筋焊接	示例图片	
可替代的施工工艺简要描述	直螺纹套筒连接工艺	示例图片	
		采用专门的滚压机床对钢筋端部进行滚压，螺纹一次成型。再用直螺纹套筒连接起来，形成钢筋的连接	

2		基桩人工挖孔工艺		
淘汰类型	□禁止/☑限制	限制条件和范围	存在下列条件之一的区域不得使用：①地下水丰富、软弱土层、流砂等不良地质条件的区域；②孔内空气污染物超标准；③机械成孔设备不可以到达的区域	
淘汰工艺简要描述	基桩人工挖孔工艺	示例图片		
		采用人工开挖方式，进行基桩成孔		
可替代的施工工艺简要描述	回旋钻、旋挖钻等机械成孔工艺	示例图片		
		回旋钻机：由动力装置带动钻机回转装置转动，从而带动有钻头的钻杆转动，由钻头切削土壤。回转钻机用于泥浆护壁成孔的灌注桩，成孔方式为旋转成孔		旋挖钻：旋挖成孔首先是通过底部带有活门的桶式钻头回转破碎岩土，并直接将其装入钻头内，然后再由钻孔机提升装置和伸缩式钻杆将钻头提出孔外卸土，这样循环往复，不断地取土卸土，直至钻至设计深度
3		沥青类防水卷材热熔工艺（明火施工）		
淘汰类型	□禁止/☑限制	限制条件和范围	不得用于低温环境、地下密闭空间、通风不畅空间、易燃材料附近的防水工程	
淘汰工艺简要描述	使用明火热熔法施工的沥青类防水卷材	示例图片		
		铺贴时随放卷材随用火焰喷枪加热基层和卷材的交接处，趁卷材的材面刚刚熔化时，将卷材向前滚铺、粘贴		
可替代的施工工艺简要描述	胶粘剂施工工艺（冷粘、自粘）等	示例图片		
		冷粘法：使用毛刷将胶粘剂涂刷在基层或卷材上，然后直接铺贴卷材，使卷材与基层、卷材与卷材粘结施工		自粘法：采用带有自粘胶的防水卷材，不用热施工，也不需要涂胶结材料，进行粘结施工

4	施工现场自拌砂浆/混凝土工艺		
淘汰类型	□禁止 ☑限制	限制条件和范围	不得用于结构承重部件的浇筑；不得用于结构的加固、砌筑等
淘汰工艺简要描述	在施工现场混合水泥、砂、碎石等，自行拌合砂浆/混凝土	示例图片	
		现场人工拌合砂浆/混凝土	
可替代的施工工艺简要描述	预拌砂浆/混凝土	示例图片	
		在专业化厂家生产用于工程施工的砂浆/混凝土，已经得到推广使用	
5	电渣压力焊工艺		
淘汰类型	□禁止 ☑限制	限制条件和范围	不得用于焊接直径大于22mm的钢筋
淘汰工艺简要描述	人工操作电渣压力焊机，利用电流通过液体熔渣所产生的电阻热进行焊接的一种熔焊方法	示例图片	
		人工用电渣压力焊机对竖向钢筋进行连接	
可替代的施工工艺简要描述	机械连接等工艺	示例图片	
		套筒冷挤压连接：利用挤压机压缩钢筋套筒，使它产生塑性变形，靠变形后的钢筋套筒与带肋钢筋的机械咬合紧固力来实现钢筋的连接	滚压直螺纹套筒连接：采用专门的滚压机床对钢筋端部进行滚压，螺纹一次成型。再用直螺纹套筒连接起来，形成钢筋的连接

6			混凝土井盖工艺	
淘汰类型	□禁止/☑限制	限制条件和范围	不得用于机动车道	
淘汰工艺简要描述	使用钢筋、混凝土材料制作的井盖	示例图片		
可替代的施工工艺简要描述	球墨铸铁防沉降井盖等工艺	示例图片		
7			砖砌式雨水口工艺	
淘汰类型	□禁止/☑限制	限制条件和范围	不得用于机动车道和非机动车道	
淘汰工艺简要描述	采用砌块现场砌筑雨水口	示例图片		
可替代的施工工艺简要描述	现浇混凝土雨水口、预制成品雨水口等	示例图片		

8	干喷混凝土工艺		
淘汰类型	☐禁止/☑限制	限制条件和范围	不得用于大断面隧道、大型硐室、C30 及以上强度等级喷射混凝土、非富水围岩地质条件
淘汰工艺简要描述	将骨料、水泥按一定比例干拌均匀,用混凝土干喷机高速喷射到受喷面上的喷射混凝土施工方法	示例图片	
		先将水泥、骨料干拌均匀,再利用压缩空气通过软管输送至喷射机喷嘴处,加水混合喷射的混凝土施工方法	
可替代的施工工艺简要描述	湿喷混凝土工艺	示例图片	
		将水泥、骨料与混凝土拌合,用泵或压缩空气输送到喷嘴处与液体速凝剂混合,借助高压风喷射的施工方法	
9	砖砌化粪池工艺		
淘汰类型	☐禁止/☑限制	限制条件和范围	不得用于设区市、县(区)主城区建设工程;不得用于存在地下水源的区域
淘汰工艺简要描述	采用砌块现场砌筑化粪池的施工方法	示例图片	
		人工现场砌筑化粪池	
可替代的施工工艺简要描述	现浇钢筋混凝土化粪池、一体式成品化粪池等	示例图片	
		现浇钢筋混凝土化粪池	一体式成品化粪池

10	桩头"直接凿除法"工艺			
淘汰类型	□禁止/☑限制		限制条件和范围	不得用于地基基础设计等级为乙级及以上房屋建筑工程
淘汰工艺简要描述	在未对桩头进行预先切割处理的情况下，直接由人工采用风镐或其他工具凿除桩头混凝土	示例图片		
可替代的施工工艺简要描述	"预先切割法＋机械凿除"桩头处理工艺、"环切法"整体桩头处理工艺等	示例图片		
		采用切割机在预定位置环向切割桩头，再用风镐剥离钢筋主筋，让钢筋与桩身分离后再去除桩头的施工工艺		
11	人工掘进顶管工艺			
淘汰类型	□禁止/☑限制		限制条件和范围	除同时具备以下条件外不得使用：①有设计文件；②有安全施工专项方案且经专家论证通过；③管道内径大于1000mm且小于2000mm；④单段顶进长度小于60m；⑤机械掘进顶管、水力掘进顶管等工艺受限
淘汰工艺简要描述	采用人工在管前挖土掘进，挖出的土方由手推车或矿车运到工作坑，随挖随顶的顶管施工方法	示例图片		
可替代的施工工艺简要描述	机械掘进顶管工艺、水力掘进顶管工艺等	示例图片		
		采用小型掘土机、上料机、矿车等机械将顶进土方运到坑外	采用对顶管设置高压水枪冲散变成泥浆后，通过吸泥机或泥浆泵排出洞外	

续表

12	水泥稳定类混合料路拌法工艺		
淘汰类型	□禁止/☑限制	限制条件和范围	不得用于市政道路工程
淘汰工艺简要描述	采用人工辅以机械（如挖掘机等）在施工现场就地拌合水泥稳定类混合料的施工方法	示例图片	
		主要依靠人工拌合，由人工根据配合比进行配合，容易产生配料不准、拌合不匀的质量缺陷	
可替代的施工工艺简要描述	厂拌法工艺	示例图片	
		采用厂拌法进行拌合水稳，在固定的拌合工厂或移动式拌合站拌制混合料	
13	锤击沉桩工艺		
淘汰类型	□禁止/☑限制	限制条件和范围	不得用于医院、学校、科研单位、住宅等有限定噪声或振动要求的区域（工程抢修、抢险作业等特殊情况除外）
淘汰工艺简要描述	采用机械锤击成桩施工	示例图片	
		地基承载力及工作面要求较低，但机械高度高，稳定性较差，相应危险系数较高，桩起吊方式较为落后，对桩身影响较大，工作方式为柴油锤捶打嵌入，垂直度较难控制，并伴有较强的噪声污染和一定的空气污染，且对周边建(构)筑物影响较大	
可替代的施工工艺简要描述	静压桩、植桩等工艺	示例图片	
		机械较为先进，地基承载力要求较高，但机械稳定性较好，操作系统完善，独立起重机，吊装作业较规范、方便，自带GPS及水平控制，对定位标高及垂直度等质量控制较为准确，工作方式为抱压式嵌入，采用液压油路系统，无噪声、空气等污染问题，且对桩身影响较小，较为安全、规范	

14	门式钢管支撑架		
淘汰类型	□禁止/☑限制	限制条件和范围	不得用于搭设满堂承重支撑架体系
淘汰工艺简要描述	门式钢管支撑架	示例图片	
		为建筑施工提供支撑和安全作业平台的门式脚手架,又称满堂架。包括用于装饰装修及设备管道安装的满堂作业架和用于混凝土模板及钢结构安装的满堂支撑架	
可替代的施工工艺简要描述	承插型盘扣式钢管支撑架、钢管柱梁式支架、移动模架等	示例图片	
		承插型盘扣式钢管支撑架:立杆之间采用外套管或内插管连接,水平杆和斜杆采用杆端扣接头卡入连接盘,用楔形插销连接,能承受相应的荷载,并具有作业安全和防护功能的结构架体	移动模架造桥机是一种自带模板,利用承台或墩柱作为支承,对桥梁进行现场浇筑的施工机械
15	顶管工作竖井钢木支架支护施工工艺		
淘汰类型	□禁止/☑限制	限制条件和范围	在下列任一条件下不得使用:①基坑深度超过 3m;②地下水位超过基坑底板高度
淘汰工艺简要描述	顶管工作竖井钢木支架支护施工工艺	示例图片	
		顶管工作竖井支护采用外侧竖插木质大板围护加内侧水平环向钢制围撑组合支护的结构形式	
可替代的施工工艺简要描述	钻孔护壁桩、地下连续墙、沉井、钢格栅锚喷护壁施工工艺等	示例图片	
		沉井施工:占地面积小,坑壁不需要设临时支撑和防水围堰或板桩围护,对邻近建筑物的影响比较小,操作简单,无须特殊的专业设备	钻孔护壁桩:基坑开挖前施作钻孔灌注桩,桩顶设置混凝土梁,分层开挖和护壁支护,必要时通过内支撑和系梁增加稳定性

16	桥梁悬浇挂篮上部与底篮精轧螺纹钢吊杆连接工艺		
淘汰类型	□禁止/☑限制	限制条件和范围	在下列任一条件下不得使用：（1）前吊点连接。（2）其他吊点连接：①上下钢结构直接连接（未穿过混凝土结构）；②与底篮连接未采用活动铰；③吊杆未设外保护套
淘汰工艺简要描述	桥梁悬浇挂篮上部与底篮精轧螺纹钢吊杆连接工艺	示例图片	
		挂篮吊点吊杆采用精轧螺纹钢，未穿过混凝土结构，未外设保护套	
可替代的施工工艺简要描述	挂篮锰钢吊带连接工艺	示例图片	
		精轧螺纹钢穿过混凝土结构，外设PVC管保护	挂篮前吊点走行采用锰钢吊带连接
17	污水检查井砖砌工艺		
淘汰类型	□禁止/☑限制	限制条件和范围	不得用于市政工程
淘汰工艺简要描述	又称窨井，可分为砖砌矩形检查井和砖砌圆形检查井，采取砖砌的方式	示例图片	
		砖砌井：施工现场人工砌筑矩形或圆形污水检查井	
可替代的施工工艺简要描述	检查井钢筋混凝土现浇工艺或一体式成品检查井等	示例图片	
		现浇混凝土检查井：基坑开挖后绑扎钢筋、支模浇筑混凝土，成型效果好，防渗漏能力强	一体式成品检查井：工厂集中预制，模块连接采用防水砂浆找平，现场拼装速度快，成型效果好

2.2　设备类

限制的设备清单

1		龙门架、井架物料提升机	
淘汰类型	☐禁止/☑限制	限制条件和范围	不得用于 25m 及以上的建设工程
淘汰设备简要描述	安装龙门架、井架物料提升机进行材料的垂直运输	示例图片	
可替代的设备简要描述	人货两用施工升降机等	示例图片	
		由轿厢、驱动机构、标准节、附墙、底盘、围栏、电气系统等几部分组成,是建筑中经常使用的载人载货施工机械,其独特的箱体结构使其乘坐起来既舒适又安全	
2		剪切式钢筋切断机	
淘汰类型	☐禁止/☑限制	限制条件和范围	不得用于采用机械连接工艺的钢筋加工
淘汰设备简要描述	采用剪切原理设计的钢筋切断设备	示例图片	
		剪切式钢筋切断机的主要部件包括机身、电机、剪切刀片、传动系统和控制系统等。当钢筋需要切割时,将其放置在剪切刀片之间,然后启动电机,通过传动系统将电机的动力传递到剪切刀片上,使其产生剪切力,从而将钢筋切割	
可替代的设备简要描述	数控激光切割机、等离子弧切割机等设备	示例图片	
		数控激光切割机采用数字控制,具有自动排板、节省材料的功能;可加工各种金属和非金属材料,包括碳钢、合金钢、不锈钢及非金属复合材料等。等离子弧切割是利用高温等离子电弧的热量使工件切口处的金属局部熔化(或蒸发),并借高速等离子的动量排出熔融金属以形成切口的一种加工方法	

3	轮扣式脚手架、支撑架		
淘汰类型	□禁止/☑限制	限制条件和范围	不得用于高度大于 5m(含 5m)的房屋市政工程;不得用于搭设满堂支撑架;不得用于危险性较大的分部分项工程
淘汰设备简要描述	轮扣式脚手架和扣件式钢管脚手架、模板支撑架	示例图片	
		轮扣式脚手架是一种具有自锁功能的直插式新型钢管脚手架,主要构件为立杆和横杆。扣件式钢管脚手架由扣件、钢管、丝杠等构件构成,立杆和水平杆是主要受力构件,剪刀撑是保证脚手架整体强度和稳定性的杆件	
可替代的设备简要描述	承插型盘扣式脚手架、支撑架等	示例图片	
		承插型盘扣式钢管支架指的是立杆采用套管承插连接,水平杆和斜杆采用杆端和接头卡入连接盘,用楔形插销连接,形成结构几何不变体系的钢管支架。承插型盘扣式钢管支架由立杆、水平杆、斜杆、可调底座及可调托座等配件构成。根据其用途可分为模板支架和脚手架两类	
4	扣件式钢管卸料平台		
淘汰类型	□禁止/☑限制	限制条件和范围	不得用于三层(或 10m)及以上建筑工程施工;不得用作悬挑卸料平台
淘汰设备简要描述	用扣件式钢管脚手架搭设的卸料平台	示例图片	
		用钢管扣件搭设,功能是卸料平台。一般用于一二层,不得用于三层(或 10m)及以上建筑工程施工	
可替代的设备简要描述	型钢悬挂卸料平台等	示例图片	
		型钢悬挑卸料平台采用型钢焊接成主框架,主挑梁采用槽钢,两侧应分别设置前后两道斜拉钢丝绳。锚固端预埋 U 形环,每层预埋的钢筋锚环既是主挑梁锚固环,也可作为斜拉钢丝绳吊。卸料平台底部应用花纹钢板焊接固定,与外架之间的间隙封闭连接	

续表

5		钢管扣件型附着式升降脚手架	
淘汰类型	□禁止/☑限制	限制条件和范围	不得采用钢管扣件式搭接连接;不得采用斜顶撑式防坠装置
淘汰设备简要描述	竖向主框架为平面桁架或空间桁架结构,水平支承桁架和架体构架由扣件式钢管脚手架搭设,附着在建筑结构上并能利用自身设备使架体升降的脚手架	示例图片	
		附着式升降脚手架实际上是搭设一定高度的固定脚手架,它通过附着装置与工程结构连接,依靠自身升降设备随着工程结构施工逐层爬升、下降。附着式升降脚手架的组成包括架体结构、附着支承装置、提升机构和设备、安全装置和控制系统几个部分。由扣件式钢管脚手架搭设	
可替代的设备简要描述	全钢型或铝合金型附着式升降脚手架	示例图片	
		将专门设计的升降机构固定(附着)在建筑物上,将脚手架同升降机构连接在一起,但可以相对运动,通过固定于升降机构上的动力设备将脚手架提升或者下降,从而实现脚手架爬升或下降	
6		非数控孔道压浆设备	
淘汰类型	□禁止/☑限制	限制条件和范围	在二类以上市政工程项目预制场内进行后张法预应力构件施工时不得使用
淘汰设备简要描述	采用人工手动操作进行孔道压浆的设备	示例图片	
可替代的设备简要描述	采用数控孔道压浆设备进行压浆	示例图片	
		智能真空压浆机:集自动上料、高速搅拌、低速储料防凝固和泵送注浆等设备于一体,通过传感器输出信号控制真空泵工作,具有生产效率高、搅拌质量好的优点	

7	非数控预应力张拉设备		
淘汰类型	□禁止/☑限制	限制条件和范围	在二类以上市政工程项目预制场内进行后张法预应力构件施工时不得使用
淘汰设备简要描述	采用人工张拉测量法进行预应力张拉	示例图片	
可替代的设备简要描述	采用数控预应力张拉设备进行张拉	示例图片	
		数控预应力张拉设备：系统传感器可实时采集钢绞线伸长量，反馈到计算机，及时校核伸长量，实现"双控"，张拉数据通过通信接口以无线方式传入信息管理系统，可实时显示数据并保存，张拉完成后自动缓释泄压，防止滑束，避免冲击夹片；具有操作方便、质量可靠、便于管理的优点	
8	未安装安全监控系统的塔式起重机		
淘汰类型	□禁止/☑限制	限制条件和范围	在河北省、浙江省、广州市范围限制使用
淘汰设备简要描述	未安装安全监控系统的塔式起重机	示例图片	
		不具备对塔式起重机运行行程信息实时监视和数据存储功能，无报警提醒功能	
可替代的设备简要描述	安装安全监控系统的塔式起重机	示例图片	
		具有对塔式起重机的定位坐标、起重量、起重力矩、起升高度、幅度、回转角度、运行行程信息进行实时监视、报警提醒功能和数据存储的功能	

2.3 材料类

限制的材料清单

1	无机轻骨料保温砂浆		
淘汰类型	□禁止/☑限制	限制条件和范围	不得单独作为保温材料用于外墙保温工程
淘汰材料简要描述	无机轻骨料、胶凝材料、高分子聚合物及其他功能性添加剂制成的建筑保温砂浆	示例图片	
可替代的材料简要描述	热工性能好的防火保温板材等	示例图片	
		防火保温板材:具有防火性能好、使用寿命长、稳定性好、质地轻等优点	
2	砂模铸造铸铁管和冷镀锌铸铁管		
淘汰类型	□禁止/☑限制	限制条件和范围	不得用于民用建筑工程
淘汰材料简要描述	用于给水或排水管道的砂模铸造铸铁管和冷镀锌铸铁管	示例图片	
可替代的材料简要描述	给水管:薄壁不锈钢管、铜管、塑料给水管〔PPR（聚丙烯）、CPVC（氯化聚氯乙烯）〕、金属塑料复合管等;排水管:球墨铸铁管、HDPE（高密度聚乙烯）管、UPVC（硬聚氯乙烯）管等	示例图片	
		薄壁不锈钢管:壁厚为 0.6~2mm 的不锈钢带或不锈钢板,用自动氩弧焊等熔焊焊接工艺制成的管材;铜管:有色金属管的一种,是压制和拉制的无缝管,质地坚硬,不易腐蚀,且耐高温、耐高压;塑料给水管:具有较好的抗冲击性能和长期蠕变性能;金属塑料复合管:具有较好的保温性能,内外壁不易腐蚀,因内壁光滑,对流体阻力很小,又因为可随意弯曲,所以安装施工方便	球墨铸铁管:和钢管比价格便宜,制造简易,耐腐蚀性强;HDPE 管:和传统管材相比,重量轻,耐腐蚀,水流阻力小,节约能源,安装简便迅速;UPVC 管:具有重量轻、耐腐蚀、水流阻力小、节约能源、安装迅捷、造价低等优点

3	无止水构造的对拉丝杆		
淘汰类型	□禁止/☑限制	限制条件和范围	不得用于有抗渗等级要求的墙体结构

淘汰材料 简要描述	易造成外墙渗漏	示例图片
		有抗渗等级要求的墙体结构使用无止水构造的对拉丝杆,丝杆可能成为渗漏路径

可替代的材料 简要描述	分体式止水丝杆等	示例图片
		分体式止水丝杆由一根内杆件、两根外杆件和连接螺母组成,在浇筑混凝土后,可将外杆件和连接螺母拆下,供下一次施工时多次重复使用

4	烧结普通砖、烧结多孔砖		
淘汰类型	□禁止/☑限制	限制条件和范围	强度等级低于 MU10 时不得用于承重墙,强度等级低于 MU15 时不得用于承重外墙及潮湿环境的内墙

淘汰材料 简要描述	烧结普通砖、烧结多孔砖,强度等级低于 MU10 时不得用于承重墙,强度等级低于 MU15 时不得用于承重外墙及潮湿环境的内墙	示例图片
		烧结普通砖、烧结多孔砖是以页岩、煤矸石和粉煤灰等为主要原料,经成型、焙烧而成。强度等级低于 MU10 的烧结普通砖、多孔砖用于承重墙时,不满足《墙体材料应用统一技术规范》GB 50574—2010 中最低强度等级要求

可替代的材料 简要描述	《墙体材料应用统一技术规范》GB 50574—2010 中规定:烧结普通砖、烧结多孔砖,用于承重墙时强度等级不得低于 MU10,用于承重外墙及潮湿环境的内墙时,强度等级不得低于 MU15	示例图片

5			蒸压普通砖、混凝土砖	
淘汰类型	□禁止/☑限制	限制条件和范围	强度等级低于 MU15 时不得用于承重墙,强度等级低于 MU20 时不得用于承重外墙及潮湿环境的内墙	
淘汰材料简要描述	蒸压普通砖、混凝土砖,强度等级低于 MU15 时不得用于承重墙,强度等级低于 MU20 时不得用于承重外墙及潮湿环境的内墙	示例图片		
		《墙体材料应用统一技术规范》GB 50574—2010 中规定了块体材料的最低强度等级要求		
可替代的材料简要描述	《墙体材料应用统一技术规范》GB 50574—2010 中规定:蒸压普通砖、混凝土砖,用于承重墙时强度等级不得低于 MU15,用于承重外墙及潮湿环境的内墙时,强度等级不得低于 MU20	示例图片		
6			普通、轻骨料混凝土小型空心砌块(强度等级低于 MU7.5)	
淘汰类型	□禁止/☑限制	限制条件和范围	不得用于承重墙	
淘汰材料简要描述	普通、轻骨料混凝土小型空心砌块(强度等级低于 MU7.5)	示例图片		
		普通、轻骨料混凝土小型空心砌块(强度等级低于 MU7.5),不能用于承重墙		
可替代的材料简要描述	普通、轻骨料混凝土小型空心砌块(强度等级不低于 MU7.5)	示例图片		
		《墙体材料应用统一技术规范》GB 50574—2010 中规定:普通、轻骨料混凝土小型空心砌块用于承重墙时,强度等级不得低于 MU7.5		

7		蒸压加气混凝土砌块（强度等级低于 A5）		
淘汰类型	□禁止/☑限制	限制条件和范围	不得用于承重墙	
淘汰材料 简要描述	蒸压加气混凝土砌块 （强度等级低于 A5）	示例图片		
		蒸压加气混凝土砌块（强度等级低于 A5），不能用于承重墙		
可替代的材料 简要描述	蒸压加气混凝土砌块 （强度等级不低于 A5）	示例图片		
		《墙体材料应用统一技术规范》GB 50574—2010 中规定：蒸压加气混凝土砌块用于承重墙时，强度等级不得低于 A5		
8		九格砖		
淘汰类型	□禁止/☑限制	限制条件和范围	不得用于市政道路工程	
淘汰材料 简要描述	利用混凝土和工业废 料，或一些材料制成 的人造水泥块材料	示例图片		
可替代的材料 简要描述	陶瓷透水砖、透水方 砖等	示例图片		
		陶瓷透水砖：采用瓷质材料或陶质镶块经成型后高温烧制而成的多孔结构陶瓷制品	透水方砖：具有石材表面纹理的陶瓷透水砖，渗透效率非常快，防堵、防冻融、超耐磨	

续表

9	防滑性能差的光面路面板(砖)		
淘汰类型	□禁止/☑限制	限制条件和范围	不得用于新建和维修广场、停车场、人行步道、慢行车道
淘汰材料简要描述	光面混凝土路面砖、光面天然石板、光面陶瓷砖、光面烧结路面砖等防滑性能差的路面板(砖)	示例图片	
可替代的材料简要描述	陶瓷透水砖、预制混凝土大方砖等	示例图片	
		陶瓷透水砖:采用瓷质材料或陶质镶块经成型后高温烧制而成的多孔结构陶瓷制品	预制混凝土大方砖:由构件预制厂统一生产,预制块采用定型钢模板,再配合人工进行浇筑,成型后再运至现场进行安装
10	平口混凝土排水管(含钢筋混凝土管)		
淘汰类型	□禁止/☑限制	限制条件和范围	不得用于住宅小区、企事业单位和市政管网用的埋地排水工程,在河北省范围禁止
淘汰材料简要描述	采用混凝土制作而成(含里面配置钢筋骨架)、接口采用平接方式的排水圆管	示例图片	
		采用混凝土制作而成(含里面配置钢筋骨架)、接口采取平接方式的排水圆管,易泄漏,造成水系和土壤污染	
可替代的材料简要描述	承插口排水管等	示例图片	
		承插口排水管:混凝土管道预制时两端设置为承口和插口,承插口通过橡胶密封圈或三角抹灰,具有良好的防渗漏性能	

第 3 章

企业推荐清单

3.1 工艺类

推荐使用的工艺清单

1	新型工具式悬挑架施工工艺	
适用范围	适用于建筑主体工程及外墙装饰工程外防护架搭设	
推荐理由	(1)不穿墙安装,不损坏混凝土墙、梁、板等结构;悬挑梁斜拉杆上端与建筑物主体结构固定采用可拆式预埋高强度螺栓环,脚手架拆除后可简便拆除拉环,杜绝外墙渗水漏水,保证主体施工质量。 (2)型钢梁工字钢耗材少,安装拆除无须塔式起重机配合,轻量化操作方便。 (3)室内没有型钢梁妨碍建筑垃圾清理及人员行走,各工序可交叉进行。 (4)与传统悬挑型钢梁对比,既节省型钢及U形预埋件,又节省拆除传统型钢和预埋件后所需切割、补砌筑等环节费用和工时	示例图片
推荐工艺简要描述	悬挑梁一端锚固在主体结构外侧,另一端用拉杆与上方主体结构拉结,利用拉杆与锚固件共同受力的悬挑脚手架	

2	囊式注浆扩体抗浮锚杆施工技术	
适用范围	适用于填土、黏性土、粉土、黄土、砂土、角砾、圆砾、碎石、全风化岩和强风化岩等岩土层，而扩体锚固段宜设置在稍密及以上的粉土、砂土、角砾、圆砾、碎石、全风化岩和强风化岩，以及可塑～坚硬黏土层中。不宜设置在下列土层中：有机质土、泥炭质土或泥炭土；淤泥或液限大于50%的淤泥质土；相对密实度小于0.2或标贯击数小于8的松散砂土或软弱填土	
推荐理由	安全性更高，在扩体注浆后，在锚杆底部形成的结构会比之前更稳固，而且从物理学角度上改变锚杆受力，所以它科学地提高了锚杆技术安全性	示例图片
推荐工艺简要描述	锚杆底部锚固段设置增加一个承压囊袋，压力注浆时先进行囊袋注浆，在底部形成一个囊袋包裹的水泥结构。后续再进行锚杆孔注浆及二次压浆，筏板施工时将锚杆锁定到底板上层钢筋网片上	
3	地下室外墙防水随地下室结构一次性施工技术	
适用范围	采用单侧支模施工方法作业，无肥槽，基坑支护为地下连续墙或支护桩加内支撑的支护形式，可在基坑侧壁上（直接或进行处理后）进行防水施工作业的情况	
推荐理由	地下室外墙采用单侧支模，无肥槽内作业，避免有限空间作业，减少安全事故隐患	示例图片
推荐工艺简要描述	通过研制出一种防水一体化复合模板及与单边支模技术相配合，使地下室外墙防水随主体结构一次性施工完成	
4	桩撑基坑支护体系施工技术	
适用范围	适用于8m左右深基坑支护工程，根据地质条件设计选用	
推荐理由	本技术形成的支护体系可发挥加筋、挡土、止水的作用约束土体变形，增强围护结构抵抗变形能力，提高基坑安全稳定性，较常规技术实施空间灵活、施工速度快、节约造价、节省工期、环境影响小，具备绿色环保、经济节能的优点	示例图片
推荐工艺简要描述	桩撑基坑支护体系是以围护体、圈梁及后撑式斜向钢管撑等结构组合为特征的基坑支护新工艺、新技术，通过后撑式斜向钢管撑的一端与围护墙（单排或双排）的圈梁连接固定，另一端以一定角度斜插入坑内，再结合围护体自身重力，最终形成整体抗力系统，共同承担坑内外各类压力	

5	溜管法浇筑混凝土施工技术	
适用范围	适用于有行车条件的内支撑支护体系下深基础混凝土浇筑或地下混凝土浇筑,尤其是地处闹市区,现场场地极其狭窄,工期紧、体量巨大的深基础混凝土浇筑施工	
推荐理由	(1)采用溜管、溜槽、天泵共同浇筑,充分发挥各系统优势,在保障底板浇筑质量的同时实现了浇筑时间大幅度缩短。 (2)利用BIM技术,合理布设不同浇筑点位的机械及人员,规划车辆行驶线路,模拟现场浇筑场景,优化提升施工部署	示例图片
推荐工艺简要描述	现场围绕基坑边布置若干卸料口,设置竖向、斜向溜管、支撑架体、分支溜管等,分支溜管底部设360°旋转装置与溜槽结合。溜槽底部设集束串筒,降低混凝土下落高度。溜管从中心向四周推浇,根据混凝土的流淌范围和初凝情况拆除分支斜向溜管,实现覆盖无盲区	
6	自平衡防尘天幕施工技术	
适用范围	适用于深基坑的土方开挖施工阶段	
推荐理由	该技术将传统的防尘网地面覆盖转变为悬空挂设,可避免地面覆盖隐蔽洞口造成人员坠落等风险	示例图片
推荐工艺简要描述	通过在基坑两侧设置钢结构支架、两侧支架采用承重钢丝绳拉结,防尘网与传动钢丝绳固定后与承重钢丝绳连接组成防尘天幕系统,该系统可通过控制柜操控传动钢丝绳,实现防尘网的开合。自平衡装置包括滑道和设置于滑道两端的配重装置,滑道中部分别滑动连接于两侧钢结构支架顶部,天幕网一端与一侧支架固定连接,另一端滑动连接于滑道的中部,驱动装置能够驱动天幕网活动端沿滑道的中部滑动,分别位于滑道两端的两个配重装置重量相同。配重装置能拉紧滑道,避免滑道中部下垂严重。同时,可在承重钢丝绳上安装喷淋系统,实现防尘喷淋的全覆盖	

7	工具式铝合金模板技术	
适用范围	适用于新建的群体公共与民用建筑,特别是超高层建筑,主要适用于墙体模板、水平楼板、梁、柱等各类混凝土构件	
推荐理由	铝合金模板系统组装简单、方便,稳定性较好、强度高、安全性好	示例图片
推荐工艺简要描述	工具式铝合金模板体系是根据工程建筑和结构施工图纸,经定型化设计和工业化加工定制完成所需要的标准尺寸模板构件及与实际工程配套使用的非标准构件。先按设计图纸在工厂完成预拼装,满足工程要求后,对所有模板构件分区、分单元、分类作相应标记。模板材料运至现场,按模板编号"对号入座"分别安装。安装就位后,利用可调斜支撑调整模板的垂直度、竖向可调支撑调整模板的水平标高;利用穿墙对拉螺杆及背楞,保证模板体系的刚度及整体稳定性。在混凝土强度达到拆模强度后,保留竖向支撑,按顺序对墙模板、梁侧模板及楼面模板进行拆除,迅速进入下一层循环施工	

8	盘扣式早拆支撑体系施工技术	
适用范围	适用于层高不太高(一般情况不大于 5m),且板厚不大于 500mm 的现浇无梁楼盖结构(实心板),对于空心板,适用板厚可加大,也适用于板跨度较大的现浇梁板结构	
推荐理由	(1)盘扣式脚手架接头具有抗弯、抗剪、抗扭等性能,结构稳定,承载力大。 (2)盘扣式脚手架接头具有可靠的双向自锁能力,可以使作用于横杆上的荷载通过盘扣传递给立杆,所以盘扣式脚手架都比较安全可靠	示例图片
推荐工艺简要描述	盘扣式早拆支撑体系是一种新型支撑体系,具有布置灵活、安全可靠、施工方便、快捷的特点。它在设计时充分利用盘扣架体立杆强度高的特点,增大立杆间距(可达到 2m),使得脚手架内施工空间大,模板拆除时,运料非常方便,模板、方木周转效率高,水平支撑模板拆除率可达到 93%,主次梁可全部拆除,重复周转使用	早拆头

9	钢筋机械连接技术	
适用范围	适用于直径 12～50mm HRB400、HRB500 钢筋各种方位的同异径连接,如粗直径、不同直径钢筋水平、竖向、环向的连接,弯折钢筋、超长水平钢筋的连接,两根或多根固定钢筋之间的对接,钢结构型钢柱与混凝土梁主筋的连接等	
推荐理由	(1)连接强度高,连接质量稳定、可靠。 (2)无污染、无火灾及爆炸隐患,施工安全可靠	示例图片
推荐工艺简要描述	钢筋机械连接是通过与连接件的机械咬合作用或钢筋端面的承压作用,将一根钢筋中的力传递至另一根钢筋的连接方法。钢筋的机械连接方式有带肋钢套筒挤压连接、钢筋锥螺纹连接以及钢筋等强度螺纹套筒连接三种	
10	施工层洞口预埋钢筋网片施工技术	
适用范围	适用于施工现场宽度 20cm 以上的洞口	
推荐理由	这种预留洞口设置钢筋网片的做法,规避了洞口刚出现防护不及时和防护被拆除未及时恢复等特殊情况下的安全隐患,保证了安全的效果	示例图片
推荐工艺简要描述	短边 20cm 及以上的施工洞口设置钢筋网片与结构整体一次浇筑,钢筋网片的钢筋纵横向间距均不得大于 20cm,钢筋直径不宜小于 10mm(楼板钢筋贯洞口时不受此限制),钢筋与混凝土的锚固长度不小于 12cm;必要时钢筋网片应与结构钢筋锚固	

11	防尘降噪垃圾溜桶技术	
适用范围	该技术涉及建筑楼层内垃圾运输用溜槽,适用于超高层且周边环境复杂,对文明施工要求较高的拆除改造建筑及超高层新建建筑,尤其是市中心区域、楼房密集区及人员居住密集区域	
推荐理由	减少了人工运输垃圾可能产生的伤害风险,同时降低了噪声及扬尘对周边居民的影响	示例图片
推荐工艺简要描述	采用镀锌薄钢板焊接技术,通过设置局部 S 弯以缓冲垃圾下落带来的巨大冲击及振动,使垃圾降至地面的速度大大减慢,防止垃圾飞溅。同时,外包较厚吸声泡沫板又有效降低噪声。整体结构的制作成本较低,且制作快捷方便,整体提升了项目垃圾外运速度,减少了施工周期,节约了运输成本,降低了过程噪声及扬尘污染	
12	超高层爬模体系施工升降机通顶技术	
适用范围	适用于 400m 以下超高层爬模体系施工升降机直达操作平台顶部的项目	
推荐理由	此施工技术增加了垂直运输的最终高度,增加了工人的施工效率,可以改善垂直运输工序时间,大幅节省了超高层建筑的施工成本,安全性能好	示例图片
推荐工艺简要描述	采用特殊装置使施工电梯与爬模体系结合,通过特殊滑轨保证爬模爬升对施工电梯稳定性不造成影响,通过可调节式滚轮架设计,弥补与爬模连接时因墙面不平整造成的空间误差,同时优化支撑结构设计,减少构件之间的干扰,并制作适用于爬模体系的通顶专用电梯笼,将施工电梯通至液压爬模顶部操作面	

续表

13	预制构造柱与早拆体系一体化施工技术	
适用范围	适用于工期要求紧,质量要求高,免抹灰主体施工阶段项目	
推荐理由	预制构造柱可规避现浇构筑物易出质量问题的情况,还可实现工厂式加工,减少登高作业造成的安全风险。结合早拆体系,充分发挥预制构造柱节省时间、安全性好的特点	示例图片
推荐工艺简要描述	(1)在设计初期则需考虑预制构造柱与两侧墙体压筋、马牙槎、反坎、过梁(窗台压顶)甩筋、砌体中水平系梁甩筋,以及自身与结构如何可靠连接等元素,设计出符合要求的预制构造柱。 (2)安装过程中用红外线控制仪对预制构造柱进行垂直校正,配合小木楔临时嵌在预制构造柱上、下端,与结构间作一临时紧固,焊接验收通过后,用膨胀干硬砂浆对其预制构造柱上、下凹槽及底(顶)缝隙填塞密实。 (3)通过预制构造柱早拆体系将支撑体系拆除	

14	外墙板安装用装配式移动护笼施工技术	
适用范围	适用于高层外墙较为复杂的建筑项目	
推荐理由	该技术目的是提供一种装配式护笼,缓解现有技术中所使用的高层建筑安装外墙板施工的操作设备平台整体结构复杂且安全稳定性较差、效率低等技术问题	示例图片
推荐工艺简要描述	该工艺提供一种装配式移动护笼,包括顶部固定单元、中部固定单元和底部固定单元;顶部固定单元与墙架柱的横梁滚动连接,底部固定单元与地面滚动连接,中部固定单元与墙体构件滑动连接,顶部固定单元、底部固定单元和中部固定单元同步沿墙体移动	

续表

15	钢拉杆吊拉悬挑脚手架施工技术	
适用范围	适用于工期要求紧、质量要求高的项目的主体施工阶段	
推荐理由	钢拉杆的强度远高于钢丝绳强度，安全性能好	示例图片
推荐工艺简要描述	钢拉杆吊拉悬挑脚手架施工工序包括工厂预制构件埋设套管或现场预埋套管、搭设临时脚手架、安装悬挑工字钢挑梁、安装斜拉杆、调整悬挑梁端头高度、进行上部脚手架搭设等	

16	保温装饰一体化外墙施工技术	
适用范围	(1)适用于我国寒冷地区、夏热冬冷地区、夏热冬暖地区的民用建筑、工业建筑的节能装饰及既有建筑的节能改造和墙面翻新(新建、扩建、改建，工业和民用建筑的承重或非承重外墙)； (2)适用于有节能要求的钢筋混凝土、混凝土空心砌块、烧结普通砖、烧结多孔砖、灰砂砖和炉渣砖等材料构成的砌体结构的外墙保温工程； (3)适用于抗震设防烈度不大于8度的地区	
推荐理由	减少了工序穿插，降低了交叉施工造成的安全风险	示例图片
推荐工艺简要描述	保温装饰一体化外保温系统是建筑幕墙与外保温技术的有机结合，是基于聚氨酯发泡过程中容易与不同材料主动粘结的特点，在工厂将岩棉与饰面砖、卷材之间用聚氨酯发泡复合而得，是集保温和装饰于一体的新型墙体装饰保温材料。保温装饰一体化板安装施工工艺通过对标准板块的安装，采用"粘贴＋锚固"双重保险的固定方式，通过加强施工过程中板块与外墙基层粘结面积的质量控制来提高外墙保温工程的整体观感质量和施工工作效率	

续表

17	矿物棉喷涂保温技术	
适用范围	(1)广泛用于高防水等级的地下室顶棚(板)、电梯井及不透明幕墙式建筑外墙外保温; (2)适用于钢结构、混凝土、木材、石膏板、玻璃、塑料等建筑基体表面; (3)适用于体育场馆、影剧院、会议厅、博物馆、机场、地铁、学校、工业厂房,以及异形屋顶和压型钢板屋顶的保温吸声等	
推荐理由	具有很好的防火性能,安全性能佳	示例图片
推荐工艺简要描述	矿物棉喷涂保温技术是将经特殊加工的矿物棉与水基性特种胶粘剂混合,通过专用喷涂设备,喷涂于建筑基层表面,经自然干燥后,形成整体连续保温层(矿物棉喷涂绝热层)的工艺	

18	室内墙面瓷砖实用瓷砖胶粘剂粘贴技术	
适用范围	适用于室内卫生间、淋浴间、公区墙面等位置的墙面瓷砖铺贴	
推荐理由	瓷砖胶粘剂粘结强度高,硬化速度快,具有优良的抗压、抗拉强度,耐水、耐碱及耐候性等性能,降低了脱落伤人的风险	示例图片
推荐工艺简要描述	采用瓷砖专用胶粘剂,瓷砖背面刷背漆,在瓷砖和墙面双面刮浆,进行墙面铺贴	

19	干挂石材的背栓挂件及组合式挂件施工技术	
适用范围	适用于建筑高度不大于 100m、非抗震设计或抗震设防烈度不大于 8 度的公用建筑石材幕墙工程施工	
推荐理由	(1)背栓式干挂石材,由于每块石材均有四个背栓式挂件,每个挂件都均匀承受石材重量且石材挂件与龙骨挂件间接触面积大,相应的强度和稳定性好。因此,它可适用于高层和超高层外墙饰面。 (2)背栓式干挂石材,因各个挂件均承载石材重量,因而石材破裂后不易脱落且易于更换	示例图片
推荐工艺简要描述	(1)背栓式干挂石材幕墙是在石材背面钻成燕尾孔,与凸形胀栓结合,然后与龙骨连接,并由金属支架组成的横竖龙骨通过埋件连接固定在外墙上。 (2)S 形或 E 形副件的嵌板槽内分别与插入的石材装饰板,采用石材干挂胶各自粘结成小单元式组件。先将主件分层固定在幕墙次龙骨上,再将小单元式组件 S 形、E 形两副件的滑槽相配合,就可形成可拆卸的石材幕墙	

20	可再生细骨料发泡混凝土楼地面找平层施工技术	
适用范围	适用于建筑工程室内楼地面施工	
推荐理由	(1)细骨料发泡混凝土采用可再生的矿渣、粉煤灰、建筑垃圾作为骨料,绿色环保,助力碳中和。 (2)该工艺具有良好的隔声、隔振、保温性能,是一种环保型节能材料,应用范围广泛。此外,应用此工艺还可以极大地提高施工效率,加快施工进度,同时也能保证质量,为实现建筑快速建造提供一种新思路	示例图片 混凝土发泡剂添加及泵送　　地面冲筋
推荐工艺简要描述	采用再生骨料制作发泡浆体材料,在预先打点房间内采用注浆设备进行发泡材料摊铺,找平,并进行养护	混凝土浇筑　　成品检查

21	桩头钢筋预处理	
适用范围	适用于地基与基础工程桩头截除工序	
推荐理由	(1)截桩头时,无须把所有钢筋都剥离出来,只需环切使桩头松动,即可整体吊出。 (2)桩基浇筑过程中,避免混凝土对钢筋的污染,增加锚固钢筋入承台的握裹力	示例图片
推荐工艺简要描述	钢筋笼加工时,采用PVC套管或珍珠棉包裹保护,再下放钢筋笼进行浇筑。截桩头时,先采用环切工艺,把桩顶标高部位保护层混凝土切开,再用风镐对称打孔,使桩头混凝土沿切割面松动、剥离,即可整体吊出桩头超灌部分	
22	"八三墩＋贝雷梁"超高模板支撑体系施工工艺	
适用范围	适用于建筑主体工程结构超高且荷载较重的高大模板支撑架体搭设	
推荐理由	(1)高层结构因外立面造型凹凸,逐层悬挑特殊结构中,常规满堂架体或钢结构逐步悬挑不满足结构受力要求,本施工工艺可以解决高层结构外立面逐层悬挑结构施工的问题,并且具有较高的稳定性和安全性。 (2)采用"八三墩＋贝雷梁"的组合形式,减少钢材用量,节省材料。 (3)相较于满堂支架,支撑体系下部结构占地面积较小,不占用场地。 (4)与满堂支架或钢结构平台相比,"八三墩＋贝雷梁"中主要构件为成品拼装,安装拆卸速度快,承载力高	示例图片
推荐工艺简要描述	"八三墩"全称为八三式铁路轻型军用桥墩,主要用于战时铁路中小跨度、中低高度桥梁,特别是铁路便桥桥墩的应急、快速抢修和平时铁路灾害的桥墩抢修。八三式铁路轻型军用桥墩的基本器材包括杆件、配件九种,紧固件四种。杆件长度分别为3.5、2和1.5m,其截面为焊接宽翼缘H形断面。既可作立柱,又可作垫梁,梁柱通用。杆件两端焊有法兰板,用于立柱接长,如在接头处再拼装上拼接板,既可加强立柱刚度,又可接长作上下垫梁用。墩顶架设贝雷梁作为施工平台,贝雷梁上安装工字钢作为横向分配梁,并满挂防坠网,上部搭设盘扣模板支撑架	

续表

23	桥梁贝雷梁支撑体系整体下放拆除工艺	
适用范围	适用于桥梁工程上部结构施工时贝雷梁支撑体系拆除,同时也可为大型高空拆除作业提供思路参考	
推荐理由	在桥梁钢管贝雷梁支撑体系施工中,传统的贝雷梁落梁方法成本高、工期长,且安全风险较大。为扩大施工空间,提升施工效率,降低安全风险,该整体下放拆除工艺,将传统的"由上至下逐层拆除"施工思维转变成"先下后上整体拆除",具有更大的操作空间,大幅度节约了施工工期,降低了支撑体系的租赁成本。同时,由于大部分工作在地面或近地面完成,安全风险大大降低。在施工材料方面,三拼贝雷梁、工字钢分配梁等均与支撑体系所需的型号尺寸相同,故可直接周转使用,并且免去了活接头等费用,降低了材料成本。在人员方面,由于大部分工作在地面或近地面由起重机配合完成,无须大量人员高空作业,故可减少相应的人工费用	示例图片
推荐工艺简要描述	总体施工思路为"先下后上整体拆除",其施工工艺流程为:施工准备→安装落梁装置→拆除钢管立柱→下放贝雷梁→贝雷梁拆除。首先,安装整体落梁装置,箱梁经计算横向需要多道螺纹钢的,需在梁体预埋PVC孔道。安装完毕后割断钢管支架,起重机配合拆除钢管支架。此时受力结构由原先的钢管立柱转为下放系统受力。最后,启动整体下放系统,将剩余支撑结构下放至地面(或柱系梁高度),利用起重机配合拆除	
24	预埋线管接头热缩管保护施工工艺	
适用范围	适用于建筑主体工程机电预留预埋	
推荐理由	导管与导管、线盒连接处通常采用缠绕胶带的方法保证密封性能,但该方法效率低且密封效果差。接头处采用热缩管保护施工方法后,能有效提高工作效率且连接处密封性能提升显著	示例图片
推荐工艺简要描述	导管与导管、线盒连接,接头部位采用热缩管保护。热缩管应能完整覆盖导管接头,并向外延长5cm	

25	基坑补偿装配式 H 型钢支撑技术	
适用范围	适用于基坑支护	
推荐理由	(1)钢支撑的安装速度快,且无须养护,支撑拆除简单、快捷。 (2)钢支撑周转重复使用,节约工期与劳动力,可大幅度降低成本。 (3)钢支撑可重复利用,节约资源与劳动力,且无建筑垃圾,绿色环保,符合绿色可持续的建造理念。 (4)钢支撑技术安全可靠,适用于环境等级要求高的基坑,有利于周围环境保护	示例图片
推荐工艺简要描述	基坑补偿装配式 H 型钢支撑是基坑内支撑的一种形式,体系由 H 型钢支撑、钢围檩、连杆、千斤顶、立柱、托梁等组成	

26	沉降后浇带超前止水自密实混凝土灌注施工技术	
适用范围	适用于建筑主体施工后浇带提前封闭	
推荐理由	(1)实现室外工程穿插前置,节约工期,同时也打造了"花园式示范工地"。 (2)后浇带施工成型效果好,提升了后浇带施工质量,后浇带渗漏率有所降低。 (3)降低了日常扬尘环保压力及成本,有助于现场文明施工	示例图片
推荐工艺简要描述	后浇带凿毛清理 → 支设盖板模板 → 绑扎钢筋、立设钢管 → 浇筑盖板及养护 → 铺设防水 → 顶板回填 → 支设后浇带底模 → 浇筑自密实混凝土 → 钢管端部封闭	

27	承插型盘扣式脚手架施工工艺	
适用范围	适用于建筑主体工程模板支撑架搭设	
推荐理由	(1)架体稳定性好,支撑模板稳定、不易变形,接头具有抗弯、抗剪、抗扭力学性能,结构稳定,承载力大。 (2)拆装简便,节约劳动力,没有扣件连接,回收率高,丢失率小。安全性好,事故率低。 (3)易于运输,便于拆装,从而缩短工期	示例图片
推荐工艺简要描述	立杆采用套管承插连接,水平杆和斜杆采用杆端和接头卡入连接盘,用楔形插销连接,形成结构几何不变体系的钢管支架	
28	深水潮汐段底部支撑体系施工工艺	
适用范围	适用于深水潮汐段高桩承台施工	
推荐理由	(1)利用钢板桩围堰内外围檩加固创造作业空间,安放纵、横梁作底部支撑,采用吊架体系与底部支撑的连接,保证底部支撑体系安装与拆卸整体下移安全可靠,无须浮吊,同时确保了航道通航要求。 (2)钢围堰施工可有效保证围堰内的无水作业环境,该方法施工工序简单,执行能力强,效果好,能够节省工期,解决了涨潮而不能施工的问题,有效保障水上施工作业的安全。 (3)底部可取消常规封底混凝土,减少了施工成本	示例图片
推荐工艺简要描述	底部支撑体系与预先埋好的横梁吊架体系连接,承台达到设计强度后,均匀下移吊架,拆除底部模板及纵、横梁,完成体系转换	

49

29	0号节段托架反力预压施工工艺	
适用范围	适用于体积大、重量高的连续刚构桥0号节段施工	
推荐理由	(1)利用墩身处预埋剪力盒子,精轧螺纹钢对拉安装三角托架,托架体系安装安全可靠,同时结构稳定性较好,能够有效承受大体积混凝土传递的荷载。 (2)先安装卸落块,在卸落块上安装承重横梁与排架分配梁,采用卸落块安装拆卸简单,执行能力强,效果好,能够节省工期。 (3)采用千斤顶-临时型钢结构反力预压法,预压周期短,预压数据准确可靠	示例图片
推荐工艺简要描述	先安放卸落块,在卸落块上安装承重横梁,横梁上安装排架分配梁;在墩身顶部预埋精轧螺纹钢以固定"梯形"双拼钢桁反力架,在反力支架与托架之间定点布设多台千斤顶,千斤顶分级加载对托架施加反力,消除托架体系的非弹性变形及测量出托架的弹性变形值,完成托架的预压	
30	重力式码头沉箱安装施工工艺	
适用范围	适用于重力式码头方块或沉箱安装	
推荐理由	(1)采用大型全回转式浮吊甲板装运、起重吊装一体施工方法,利用浮吊甲板进行空心方块存放及运输,减少额外投入运输驳船进行空心方块运输,节省运输驳船租赁费用,减小运输安全风险,提高安装工效。 (2)通过提前建设邻近吊装区域的三角场地作为空心方块预制场地,减少空心方块的额外运输距离,同时优化起吊位置,降低运输安全风险,减少浮吊二次抛锚时间,大大降低施工成本,缩短吊装周期,充分利用潮汐时间	示例图片
推荐工艺简要描述	以永临结合为出发点进行预制场选址与建设,选择在岸边建设预制场,采用大型全回转式浮吊直接起吊预制构件存放于甲板,运输至作业面安装,实现运输-安装一体化,省去大型构件陆上转运环节,减少运输投入。 低潮时进行预制结构起吊安装,保证空心方块露出水面,便于陆上测量定位,同时结合捯链进行空心方块体安装的精确定位;安装过程中潜水员水下配合,对预制构件落点位置及时提出矫正指令,距离基床0.4m左右时,复测预制构件四角点的标高、坐标,实现主体结构高精度安装	

31	预应力钢绞线智能化编束、张拉技术		
适用范围	适用于预制箱梁预应力钢绞线穿束、张拉工序		
推荐理由	(1)钢绞线自动对位、切割、夹紧。 (2)钢绞线自动梳编。 (3)钢绞线自动抱紧、扎丝自动捆绑。 (4)钢绞线热缩封帽。 (5)钢绞线智能张拉	示例图片	
推荐工艺简要描述	预应力钢绞线智能化编束、张拉生产线是一种钢绞线下料、绑扎、穿束的集成系统,由钢绞线自动对位穿束系统、钢绞线 V 形导向翻转总成、钢绞线封帽热缩系统等组成		
32	钢筋骨架流水化安装技术		
适用范围	适用于建筑主体工程及外墙装饰工程外防护架搭设		
推荐理由	(1)提高了生产效率,提升了生产的安全性。 (2)提高了装配精度。 (3)降低了人力成本,提高了质量。 (4)大幅减少人为疏忽和误判的可能性	示例图片	
推荐工艺简要描述	通过钢筋骨架安装机及协动支撑架,实现纵筋的自动化"穿筋引线"和箍筋的精准拨布,由作业人员手持智能绑扎机完成骨架装配,整个工艺流程衔接紧密,实现了真正意义的流水化作业		

33	排桩＋锚索支护结构施工工艺	
适用范围	适用于非改路情况下利用高速或一级公路中分带设置排桩＋锚索支护结构，完成下穿通道暗埋段下穿	
推荐理由	(1)利用中分带排桩＋锚索结构，可于高速通行状态、不占用土地前提下，完成下穿通道下穿。 (2)相比改路施工，可节省利用高速既有2km开口修筑同等级道路的成本。 (3)利用高速既有开口分两阶段进行交通导改，分别在打桩、主体施工阶段对中分带防撞设施进行优化，采取多重防护手段，保证施工过程高速通行与通道施工安全。 (4)利用挡土板与选择性拆除措施，实现高速中分带处贯通，选用轻质泡沫土、钢筋混凝土调平层施工，降低工后沉降，相对传统改道施工大大降低施工成本	示例图片
推荐工艺简要描述	利用高速3m中分带，选用支护排桩结合钢绞线锚索支护体系，完成既有高速半幅支撑，交通调整为半幅双向通行；施作另半幅下穿通道节段，利用侧墙与排桩间挡土板完成北半幅台背回填及路面恢复。交通转序至另半幅，拆除通道矩形框范围支护桩实现中分带处贯通，完成半幅通道节段并进行台背回填及路面恢复。该工艺若采取半幅提前现浇，设置顶推系统将半幅节段顶推至预定位置，可减少占用高速时间，加快施工总进度	

34	桩头环切施工工艺	
适用范围	适用于桩基、桩头环切施工过程	
推荐理由	(1)灌注桩桩头环切法施工工艺整体凿除效果良好，具有速度快、效率高、质量优等特点。 (2)有环切线避免桩头凿除过程中对桩头预留部分的破损，保证深入桩基的高度和保护层，桩身的完整性较好。 (3)整体吊离式拔除桩头，速度快，节约破桩时间，减少工人的工作量；环切法施工在切割面预留较平整，为检桩点的打磨提供好的平台。 (4)凿除桩身顶端上层混凝土浮浆，保证混凝土质量	示例图片
推荐工艺简要描述	作业人员对桩头做好标高记录，进行两道环形切割线标注并向内切割，使用风镐凿除混凝土剥离钢筋，打入钢钳截断桩头，最后安排起重机调离桩并对桩头顶部进行整平	

35	装配式波形钢箱拱形涵施工工艺	
适用范围	适用于需求流水界面大、用地界限有限、工期紧的涵洞或河道改造施工	
推荐理由	(1)波形钢箱拱形涵同时具有刚性和柔性;结构受力合理,荷载分布均匀,具有一定的抗变形能力。 (2)先采用标准化设计,工厂规模化生产;生产周期短,效率高,有利于降低成本,提高质量。 (3)现场安装速度快,施工周期短,社会、经济效益明显。 (4)一年四季均可施工,施工不受季节、环境影响。 (5)能有效解决北方寒冷地区因反复冻胀对混凝土桥涵破坏的问题。 (6)特别适用于长年冻土、膨胀土、软土、湿陷性黄土等特殊地区,可避免因地基变形造成的不均匀沉降对涵洞的影响。 (7)减少水泥、砂子、石子等常规建材的使用,环保意义深远。 (8)同混凝土桥涵比较,同等跨径的波形钢箱涵洞综合造价低。 (9)后期养护工作量小、养护成本低。 (10)低碳环保,100%可回收利用	示例图片	
推荐工艺简要描述	施工工艺流程:施工前准备→施工放样→设置围堰→排水清淤→平整场地→基础处理→检测压实度、含水量等→水准测量→平整场地→施工放样→安装涵管→检测涵底纵坡→检测涵管密封并喷涂防腐涂层→涵管就位→楔形回填及夯实→两侧分层回填→检测压实度、含水量等→管顶分层回填→检测压实度、含水量等→进出口处理		

36	稳定土移动式厂拌施工工艺	
适用范围	适用于路基路面工程中稳定土拌制	
推荐理由	(1)相比传统路拌法,原材料拌合比例易控制,拌合均匀性好。 (2)相比于厂拌施工,该工艺可移动,适用于施工较长管段	示 例 图 片
推荐工艺 简要描述	将料仓与拌合机械组合安装于同一台车上形成可移动式拌合站,短距离可整体移动,长距离可拆卸吊运	
37	深基坑垂直侧壁绿色装配式防护施工工艺	
适用范围	适用于支护桩基坑垂直防护	
推荐理由	(1)充分发挥土体自身土拱效应。 (2)应用新材料防护,局部横向抗拉。 (3)水平向防水,防止雨水、渗水冲蚀土体	示 例 图 片
推荐工艺 简要描述	(1)根据桩间幅度,整平面层与坡面一致。 (2)面层幅度确定后,先用L形钉将面层初步固定,如需桩间引水,将泄水孔安置于桩间坡面。 (3)将加工完的扁铁紧贴面层,压于桩身,用射钉首先上下固定扁铁,最后按照设计间距固定扁铁。 (4)两侧固定施工完毕后,再对桩间L形钉进行最终锚固。 (5)面层搭接位置在桩身上,当上下搭接时:上面层在上,下面层在下,符合搭接防护设计要求	

38	FLY(防塌陷型排水板)网格形雨水回收系统施工工艺	
适用范围	适用于种植屋面有组织排水及回收利用	
推荐理由	(1)排水板具有防止土工布塌陷功能,可保证有足够排水空间。 (2)实现零坡度、有组织、定向主动排水。 (3)排水防渗,降低地下构筑物渗漏水的质量问题。 (4)排水减压,提高苗木种植的成活率	
推荐工艺简要描述	(1)该技术施工工艺:规划弹线→排水板铺设→铺设双面粘结胶带→排水板搭接→渗透水收集花管安装→安装排气孔→铺设土工布→缝制土工布→安装雨水收集系统。 (2)首先,排水板铺设,应采用压缩强度不小于400kPa,支点高度3cm,并应具有防塌陷设计的材料。排水板搭接采用扣点套接的方式,底部采用双面粘结带作密封处理,扣点套接的搭接宽度100mm。其次,土工布铺设中,搭接采用缝制及局部粘结连接,侧墙土工布上翻高于排水板100mm为宜,为保证土工布平整在排水板上涂刷胶水粘平。 (3)在渗透水收集花管铺设过程中,应呈网格形分布,采用专用连接件连接,并在纵横花管交点位置设置排气管。渗透水收集花管底部与两侧排水板之间采用双面粘结带连接,连接宽度100mm,排气管顶部设置防尘罩,排气管高出种植土100mm。雨水收集系统与收集花管末端连接,雨水收集系统进水口低于种植屋面结构板面设置	示例图片

续表

39	车辐式(环向悬臂)索承网格结构屋盖拉索成套式综合施工技术	
适用范围	适用于车辐式(环向悬臂)索承网格结构中钢结构主体结构施工	
推荐理由	大大加快网格屋盖建设速度,减小地面展索对提升时索网空间位形的影响,保证索网铺展的快速准确进行	示例图片
推荐工艺简要描述	该技术适用于体育场馆、会展建筑等工程中的大跨度索承网格类结构的施工,对于解决提升过程中索体与钢结构胎架碰撞的问题有明显的优点,而且采用垂直提升施工比较,加快了施工进度,保证了施工安全,施工成本明显降低,具有广阔的应用前景。作业人员需求少,节省了人力物力。尤其对于复杂大型索网空间结构更有应用优势,新颖的工法技术为超大复杂空间索网结构的顺利进行提供了保障,社会效益明显	

40	城市桥梁双曲面通透 Y 形墩柱施工工艺	
适用范围	适用于城市桥梁异形钢筋混凝土墩柱结构施工	
推荐理由	对于景观桥梁墩柱造型奇特、种类繁多、结构形式复杂多变,为现场施工增加巨大难度的异形墩柱施工总结形成一套成熟的施工工艺,同时保证墩身施工进度及施工质量安全	示例图片
推荐工艺简要描述	采用 BIM 技术对 Y 形墩柱模板和配筋进行建模,结合标准段和分叉盖梁段混凝土浇筑的施工顺序,对模板进行分类分块标识编号;对渐变钢筋进行分组优化编号,进而研制双曲面钢筋整体绑扎台架,进行模具化绑扎,整体吊装施工,达到提高工效、降低成本、施工安全的目的;最后,通过对混凝土布料天窗合理设定,以及附着式振动器的布置,最终实现了双曲面通透 Y 形墩柱施工安全、经济、美观的效果	

41	城市特大桥梁智慧化施工工艺	
适用范围	适用于进度管理、钢筋加工优化、架桥关键重难点技术智慧化管理的城市特大桥工程施工	
推荐理由	桥梁工程梁场管理是桥梁工程施工管理的重要环节,是完成智慧桥梁整个实施全过程的源头所在。桥梁工程行业采用信息管理技术及时进行信息数据收集、多方意见及时协调,通过多方面资源整合集成,加快施工进度管理、辅助现场质量安全管控	示例图片
推荐工艺简要描述	对预制箱梁生产工序流程进行分析,及时了解梁场施工进度,并加以修正,调整资源配置。结合 BIM 二次开发钢筋优化软件,优化钢筋布置,优化及校核设计图纸,指导钢筋加工厂对异形钢筋进行准确加工。实现料单最优化,降低废料率。通过对"结构分析,研发 S 形双曲线多角度斜交箱梁拼接架设仿真技术",提高箱梁拼接架设精度,实现 4D 动态可视化精度管控	
42	铝合金模板滑移施工工艺	
适用范围	适用于综合管廊主体结构施工	
推荐理由	(1)满足了铝合金模板的水平运输。 (2)减少了人力、物力的使用。 (3)自有的操作平台系统,便于浇筑混凝土。 (4)散拼具有可零可整的特点	示例图片
推荐工艺简要描述	解决了大长度大体积混凝土结构施工线性不顺直,周转材料利用率低,及如何节约施工时间,减少人力、物力投入,降低工人劳动强度等问题。采用铝模体系与滑模支撑技术配合,实现滑移体系自有支撑两道,既可支撑壁板铝合金模板,也可调节壁板铝合金模板的垂直度、增强壁板模板的稳定性、提高模板的合格率	

43	多舱管廊轻便台车快速施工工艺	
适用范围	适用于综合管廊主体结构施工	
推荐理由	(1)每个分体排架单元形成一个台车体系，移动方便，实现人工分体行走，无须使用大型机械设备。 (2)分体台车排架单元与独立支撑体系配合使用。 (3)解决管廊混凝土墙体及顶板整体浇筑后，等待顶模拆模时间长的问题	示例图片
推荐工艺简要描述	台车结构体系骨架采用承插型盘扣脚手架进行搭设，根据管廊每舱结构截面宽度，脚手架立杆设计成双数，每两排立杆组成为一个单元，配套的水平杆及斜拉杆安装到位，组成排架结构。排架结构长6m，排架结构宽度及排架横距根据应用在管廊的截面宽度确定，有600mm和900mm宽两种类型。排架立杆上端设有可调顶托，下部安装可调底托，以满足架体高度的调节及分体排架单元的整体提升	

44	复杂节点早拆施工工艺	
适用范围	适用于综合管廊主体结构架体搭设施工	
推荐理由	(1)复合材料模板与钢木组合模板采用可调倒角模板连接。 (2)采用专用的早拆支撑头，支撑体系需具备足够的强度、刚度、稳定性。 (3)加大了周转率	示例图片
推荐工艺简要描述	钢木组合早拆顶板模板即为格林台模和腋角成品木模板通过边辅梁连接，形成整套顶板模板施工体系。管廊顶板模板采用钢木组合早拆模板体系，模板采用缺角设计与早拆支撑头楔合，顶模立杆顶端早拆头由带4个支柱的支撑头和下方锁定套组成，顶板模板四角带有插孔，通过立杆早拆头锁定套的旋转，实现支撑头的上升或下降，从而实现顶板模板的支撑与脱模，进而达到只拆除模板，留下立杆的早拆效果	

45	综合管廊出线口部新型阻水法兰式封堵施工工艺	
适用范围	适用于市政综合管廊出线口部临时封堵施工	
推荐理由	(1)可以达到防水、防泥的效果,更好地保护电缆不受外部因素伤害,降低电缆事故率。 (2)具有回弹率高、韧性强、高耐磨的特点,铁片镀锌避免生锈,橡胶材质能有效预防漏电,阻止漏电燃烧。 (3)防水周期长,耐久性高,强度高	示例图片
推荐工艺简要描述	综合管廊出线口部封堵依据管线类型,主要分为两种,即适用给水、再生水、热力、燃气专业管线的法兰盲板＋橡胶垫片封堵,适用电力、通信管线的新型阻水法兰封堵及柔性橡胶法兰式防水封堵器封堵。针对不同管线,采用不同封堵方法,达到了省材、易于加工、加强防水的要求	
46	预应力扩大头笼芯囊抗浮锚杆施工工艺	
适用范围	适用于地下空间抗浮、深基坑支护、高耸建(构)筑物抗倾、边坡防护等岩土锚固施工	
推荐理由	(1)抗拔力大:通过在扩大头段加入带有囊袋的笼芯囊钢筋笼,使传统的锚杆与灌注桩有机结合,形成一种新型的带有笼芯囊骨架的钢筋混凝土扩大头锚杆桩,使其在整体受力、锚固段稳定性以及抗拔承载力性能等方面都有较大的提高。 (2)经济性:采用精轧螺纹钢代普通钢筋抗拉,采用底端局部扩大头较常规等直径桩体大量减少混凝土用量,采用笼芯囊注浆使扩体段材料不浪费并可对周边土体产生胀压挤密作用,使结构受力得到优化,与常规钻孔灌注桩(或预制桩)方案相比可以大幅节省工程造价	示例图片
推荐工艺简要描述	通过在扩大头段加入笼芯囊袋,形成了笼芯囊骨架的混凝土扩大头短桩,使其在整体受力、锚固稳定性以及抗拔承载力性能等方面都有较大的提高,从而解决素混凝土的锚杆端部承载能力和整体性不足的问题	

47	连续梁腹板钢筋吊装施工工艺	
适用范围	适用于铁路、公路等连续梁工程	
推荐理由	(1)节段钢筋可在地面平行施工,节省工期。 (2)相较于箱内施工,该工艺施工空间较大,交叉施工干扰小,可保证施工质量。 (3)减少塔式起重机吊装钢筋连续作业,降低安全隐患。 (4)由高空作业变为地面作业,不仅使施工作业面变得宽敞,而且腹板钢筋整体吊装后,工人只需在挂篮内部进行安装焊接即可,缩短了高空作业的时间,提高了施工的安全性	示例图片
推荐工艺简要描述	通过改变顺序作业为平行作业,将原来在箱内施工变为分段吊装,可在绑扎底板钢筋的同时进行腹板钢筋的整体绑扎与竖向预应力筋的安装,极大地缩短了施工时间	

48	承插型盘扣式钢管支撑架双槽钢托梁系统	
适用范围	适用于承插型盘扣式支撑架体梁下支撑	
推荐理由	(1)取消梁下立杆,采用托梁将荷载分布至梁两侧立杆上,节省材料。 (2)有效避免架体因不合模数造成的混搭现象	示例图片
推荐工艺简要描述	双槽钢托梁包括双槽钢、圆管和套筒。双槽钢上设置有若干连接孔;圆管设置于双槽钢之间,该圆管两端通过连接件将双槽钢连接固定;套筒与双槽钢垂直设置,该套筒上设置有圆盘,套筒伸入双槽钢间隔中与双槽钢相配合;圆盘位于双槽钢上方,该圆盘底部与双槽钢顶部相接触。所有双槽钢表面采用热镀锌处理,通过立杆圆盘承担并传递竖向荷载	双托梁

49	盾构成型隧道管片防止错台装置	
适用范围	适用于盾构隧道管片拼装错台控制	
推荐理由	盾构成型隧道管片防止错台装置,可固定在相邻两环管片同一个点位的螺栓孔槽内位置,防止后期脱出盾尾后受各种因素影响而产生沉降,从而减小成型隧道管片环向错台量,提高成型隧道管片平整度	示例图片
推荐工艺简要描述	可将该装置在管片拼装过程中直接安装于管片上,从而提高工作效率,且能有效保证成型隧道管片质量	

50	钢筋定位卡具	
适用范围	适用于各种混凝土钢筋施工	
推荐理由	(1)可重复使用,降低施工造价,使用简单、高效。 (2)可固定墙体钢筋间的距离而防止钢筋发生偏移现象。 (3)控制钢筋保护层厚度	示例图片
推荐工艺简要描述	该卡具为铝合金或者钢材质,根据实际需要加工出凹槽以方便固定钢筋。混凝土浇筑后,可将卡具回收重复使用	

51	钢边框保温隔热轻型板	
适用范围	适用于工业建筑厂房外墙	
推荐理由	(1)使用钢边框轻质复合外挂保温墙板施工,可以快速准确地定位及焊接,保证墙板施工垂直度及平整度,提高了工效和施工进度,降低了施工成本。 (2)该钢边框轻质复合外挂保温墙板加工制作简单,用钢边框和改性聚苯颗粒混凝土浇筑而成,材料易采购,价格低廉,加工难度低。 (3)板材自重轻,密度较其他类板材小,投入劳动力少,实用性特强;板材尺寸可根据实际尺寸进行工厂化定制,零损耗	示例图片
推荐工艺简要描述	采用钢边框与钢柱焊接,进行墙板拼装。由专业安装工人、安装机械配套施工	

52	新型日光温室水幕墙施工工艺	
适用范围	适用于寒冷地区免烧日光温室水幕墙施工	
推荐理由	日光温室大棚冬季供暖主要热能来源于太阳能集热,日光温室大棚后坡设置封闭内循环吸热水幕墙,长100m的日光温室可蓄水20t,冬季晴天时水幕墙表层温度可达到60℃,通过水环循可使20t水升温至35℃左右,夜间放热,相当于每天燃烧75kg原煤的热量。同时,用温水浇灌,提升地温,促进果类蔬菜高产	示例图片
推荐工艺简要描述	太阳能集热水幕墙体及集热装置包括水幕墙体、蓄水袋和循环水泵,水幕墙体固接在支撑框架后坡面的内侧,蓄水袋设置在水幕墙体的下端,水幕墙体的下端排水端与蓄水袋的入流端连接,水幕墙体的上端设有喷水管,喷水管与蓄水袋的排流端连接,蓄水袋的排流端上连接有循环水泵	

53	一种用于日光温室大棚骨架的控制装置		
适用范围	适用于等间距日光温室大棚骨架控制,如大棚等		
推荐理由	可以控制大棚骨架安装间距,保证施工质量	示例图片	
推荐工艺简要描述	采用三根用于轻钢结构骨架安装的柱状工具固定轻钢结构骨架两侧及顶部,控制轻钢结构骨架中间间距		
54	一种用于大棚骨架的C形钢卡槽		
适用范围	适用于日光温室骨架		
推荐理由	减少焊接工艺,节约施工时间,减少焊接生锈隐患等	示例图片	
推荐工艺简要描述	一种具有DN20及卡槽功能的材料,C形钢卡槽既具备DN20镀锌钢管的承载力,又满足卡槽的使用功能		

55	叠合楼板施工工艺	
适用范围	适用于对整体刚度要求较高的高层建筑和大开间建筑楼板	
推荐理由	(1)叠合楼板是由预制板和现浇钢筋混凝土层叠合而成的装配整体式楼板。 (2)预制板既是楼板结构的组成部分之一,又是现浇钢筋混凝土叠合层的永久性模板,现浇叠合层内可敷设水平设备管线。 (3)叠合楼板整体性好,刚度大,可节省模板,而且板的上下表面平整,便于饰面层装修	示例图片
推荐工艺简要描述	混凝土叠合楼板技术是指将楼板沿厚度方向分成两部分,底部是预制底板,上部是后浇混凝土叠合层。配置底部钢筋的预制底板作为楼板的一部分,在施工阶段作为后浇混凝土叠合层的模板承受荷载,与后浇混凝土层形成整体的叠合混凝土构件	

56	非固化橡胶沥青防水施工工艺	
适用范围	适用于主体结构屋面防水	
推荐理由	(1)永不固化,固化物含量大于98%,几乎没有挥发物,施工后始终保持橡胶的原有状态。 (2)耐久、耐腐、耐高低温,延伸性能优秀;无毒、无味、无污染,不燃于火;粘结性强,可在潮湿基面施工,且能与任何异物粘结;柔韧性好,延伸率高,适于基层变形。自愈性强,施工时即使出现防水层破损也能自行修复,维持完整的防水层。 (3)施工简单,既可刮抹施工,也可喷涂施工;既可在常温施工,也可在零度以下施工;能阻止水在防水层流窜,易维护管理;可与其他防水材料同时使用,形成复合式防水层,提高防水效果	示例图片
推荐工艺简要描述	(1)清除不干净基层,使基层整平、牢靠、整洁、无尘土坑洼。 (2)刮抹或喷非固化橡胶沥青防水涂料。 (3)铺贴防水卷材防护层	

57	透水混凝土道路施工工艺	
适用范围	适用于透水混凝土道路垫层及面层施工	
推荐理由	(1)透水混凝土是一种多孔、轻质、无细骨料混凝土,该工艺可避免对透水混凝土粘结性的破坏。 (2)可有效确保透水混凝土的密实度,改善透水混凝土无法采用振动棒振捣的弊端。 (3)可确保透水混凝土面层的平整度、感官质量,解决透水混凝土面层粗骨料易破坏、散失的弊端。 (4)可多组机械、工具配合同步作业,提高工作效率	示例图片
推荐工艺简要描述	(1)垫层采用型钢刮杠+低频平板振动器的方法,透水混凝土一次浇筑至设计标高后,采用型钢刮杠进行面层的初步整平,采用多组低频平板振动器同步进行混凝土的振捣工作,确保密实度。 (2)面层采用型钢刮杆+手持式收面机+人工收面的方法,采用型钢刮杆进行面层粗平,粗平后,使面层透水混凝土略高于设计标高1～2cm;粗平后,采用手持式收面机进行整体面层精平,对于边角部位、机械无法达到的部位,采用人工收面压平	
58	深基坑格构式桁架等效替代钢换撑	
适用范围	适用于地下车站换撑施工	
推荐理由	(1)便于安装和拆卸。 (2)所使用的承插型盘扣式脚手架各杆件均为圆管截面,组装简便,且便于在结构中板施工过程中搭设的满堂盘扣架体之间自由穿插,便于灵活施工。 (3)无须进行起重吊装作业,可在有限的施工空间内进行大面积换撑施工且避免了施工过程中物体打击等安全风险	示例图片
推荐工艺简要描述	格构式桁架一端与侧墙顶紧,另一端在距墙50cm处安装托撑、工字钢并在其与墙位置的间隙安装液压千斤顶进行顶紧,千斤顶施加压力作用于墙体与脚手架之间,消除杆件间空隙;然后安装剩余部分并与侧墙顶紧,用以等效替代钢换撑受力	

59	新型侧墙预留插筋定位装置	
适用范围	适用于地铁车站侧墙保护层控制	
推荐理由	(1)能确保侧墙预留钢筋的间距与保护层厚度。 (2)侧墙保护层卡具可以重复利用	示例图片
推荐工艺简要描述	板结构施工时预留侧墙插筋,先放出侧墙外边线,然后安装,再暗转控制侧墙定位保护卡具,保证钢筋间距与保护层厚度	

60	PVC混凝土拦截气囊	
适用范围	适用于混凝土结构梁柱节点处混凝土高低强度等级拦截	
推荐理由	(1)与传统钢丝网拦截相比,可重复使用,减少后期剔凿钢丝网的人工费用,有效提高混凝土高低强度等级的浇筑质量,提高混凝土强度及观感质量。 (2)PVC(聚氯乙烯)混凝土拦截气囊施工过程中可短时间内回收重复利用周转、简化施工工序,无须对混凝土进行二次剔凿,避免二次剔凿带来的过度剔凿或剔凿不到位等混凝土质量隐患,有效提高施工质量及效率、减少人员及材料的成本投入	示例图片
推荐工艺简要描述	选择直径适合工程使用的气囊,按照气囊安装点位图将气囊放入指定位置,并背靠低强度等级混凝土一侧箍筋放置,备20VFS220D单缸小型充气泵两台,开始对气囊进行充气施工,充气直至气囊膨胀至与相邻气囊之间无缝隙且饱满,直至全部安装合格后方可进入到下一工序混凝土浇筑施工	

61	定型钢制降板模板	
适用范围	适用于建筑结构卫生间降板模板支设	
推荐理由	降板施工质量高,混凝土成型后棱角分明,周转次数多,施工效率高,观感质量好	示例图片
推荐工艺简要描述	根据图纸降板尺寸,将角钢焊接成定型钢模板,将定型钢模板固定在降板位置即可进行混凝土浇筑作业	

62	可调整卡扣式挡烟垂壁固定装置	
适用范围	适用于民用建筑及工业建筑中钢结构施工的工字钢梁挡烟垂壁固定	
推荐理由	(1)可随着钢结构工字钢梁的翼缘厚度调节固定的高度,适应钢结构多种工字钢梁高度的变化。 (2)可随着工字钢梁的宽度调节长度,适应钢结构多种工字钢梁宽度的变化。 (3)避免了施工过程中钢构件焊接产生的内力和变形影响,保证永久结构构件的安全性和合适性。 (4)具有安拆快捷、缩短工期、适用尺寸可调节的特点	示例图片
推荐工艺简要描述	该装置固定在钢结构钢梁下翼缘处,下端与方钢管连接。方钢管与挡烟垂壁固定,该装置起到了固定连接钢梁与挡烟垂壁的作用	

63	一种新装置提高直埋套管安装精度施工工艺	
适用范围	适用于管廊或楼板中直埋套管安装	
推荐理由	如今施工建设项目在管廊或楼板内安装套管时多数做法为先预留比套管大 1～2 个规格的 PVC 套管,待楼板浇筑完成后将 PVC 套管拔除,再将图纸设计所需钢套管按照位置进行放置,放置后在钢套管与楼板缝隙处进行二次灌浆。不但浪费人工及材料,且有套管位置安装错误的风险,采用该装置可解决此问题	示例图片
推荐工艺简要描述	该装置通过将由下层套管位置所射出的红外线穿过定位圆盘中心孔确认套管中心位置,将套管与定位圆盘顶部套管尺寸刻度对齐使套管定位于安装位置,将锁紧圆盘与连接杆通过丝扣进行连接,用锁紧圆盘上的找平螺栓进行找平并锁紧,用锁紧圆盘上的水平器校验水平度	
64	剪力墙模板免开孔施工工艺	
适用范围	适用于建筑主体工程混凝土结构工程地下室剪力墙结构	
推荐理由	(1)整张模板不开孔,仅在水平模板条位置进行开孔,整体减少了开孔数量,降低了模板损耗,增加了模板周转次数。 (2)通过钢木结合模板加固体系,施工过程中严格控制墙面的垂直度和平整度,防止变形。 (3)提高了剪力墙墙体整体表观质量,保证了实体质量,为后续构造做法施工奠定了基础。 (4)地上剪力墙结构减少了对拉螺栓孔的数量,降低了后期封堵造成的质量隐患;地下剪力墙结构减少了止水螺杆的数量,降低了渗漏隐患	示例图片
推荐工艺简要描述	在剪力墙模板支设时,提前加工 100mm 高模板条。施工前先绘制模板配模图,施工时按照配模图进行支设,对拉螺栓仅在模板条位置穿孔加固(地下室剪力墙使用止水螺栓),整张模板不开孔。加固时使用钢木结合加固体系,竖向模板拼缝处使用 40mm×70mm 木方作为次龙骨加固,其余位置使用 40mm×40mm 方钢管作为次龙骨加固,水平主龙骨采用 ϕ48.3mm×3.6mm 双钢管加固。加固完成后校正墙体垂直度及平整度,保证墙体施工质量	

65	机电管道支吊架与结构侧向连接方式		
适用范围	适用于侧向固定在建筑结构上的机电管道		
推荐理由	支架牛腿内侧采用橡胶垫隔振,防止管道振动传递给结构	示例图片	
推荐工艺简要描述	钢板通过膨胀螺栓固定在结构侧面,连接处采用三角形钢板强化固定,支架牛腿内侧采用橡胶垫隔振		

66	建筑摩擦摆隔震支座施工工艺		
适用范围	适用于位于高烈度设防地区、地震重点监视防御区,按照国家有关规定采用隔震减震等技术的新建学校、幼儿园、医院、养老机构、儿童福利机构、应急指挥中心、应急避难场所、广播电视等工程		
推荐理由	(1)安装只需四个螺栓连接固定,施工简单快捷,效率高,可保证工期。 (2)在地震后能够自动复位、无损伤,降低支座修复及更换成本。 (3)可实现震后结构完好、装修无损坏,降低震后恢复费用	示例图片	 摩擦摆隔震支座外观
推荐工艺简要描述	(1)对下支墩钢筋进行优化排布,下支墩钢筋笼顶面四角焊接定位钢筋。 (2)将组装好的定位预埋板放置在定位钢筋上,预理套筒顺利插入钢筋笼,通过短钢筋将套筒与下支墩钢筋焊接固定。 (3)分两次浇筑混凝土以保证下支墩混凝土的密实性。复测下支墩定位预埋板位置、标高和水平度。 (4)安装隔震支座,将耳板与下支墩定位预埋板螺栓孔对准,插入连接螺栓并对称拧紧。 (5)将上支墩连接套筒与定位埋板对孔定位,再用连接螺栓将其固定到隔震支座上。 (6)上支墩钢筋施工完成后,上支墩模板混凝土与梁板结构一起施工完成。 (7)上部结构加载完后,拧紧支座连接螺栓,拆除临时连接件,保证地震来临时能正常运动		 下支墩定位放线及钢筋施工1 → 下支墩定位放线及钢筋笼施工2 → 下埋板定位钢筋施工 下支墩定位预埋板及连接套筒施工 → 下支墩模板安装 → 下支墩模板及混凝土施工 支座安装及上定位预埋板与套筒固定 → 上支墩钢筋笼及底模施工 → 上支墩混凝土施工完成

67	新型钢丝绳柔性操作平台施工工艺	
适用范围	适用于高度较高,搭设架体成本较大及工期较长,顶部为采光顶、钢结构局部挑空等操作平台的搭设	
推荐理由	(1)操作方便,待钢丝绳四周混凝土强度满足要求后即可搭设钢丝绳柔性操作平台,节约了施工工期。 (2)与传统的搭设架体相比,钢丝绳柔性操作平台费用的投入比搭设架体费用的投入低很多,大大节约了措施费用的投入。 (3)钢丝绳柔性操作平台的搭设不影响下部人员及物料的倒运,各工序可交叉进行	示例图片
推荐工艺简要描述	(1)在采光顶下方的女儿墙混凝土结构上开孔,间隔1m以内,开孔时避让混凝土钢筋,用钢丝绳拉设纵横网格,在女儿墙外端用钢丝绳夹可靠固定。纵横绳交接处用钢丝夹固定。 (2)钢丝绳穿好后,开始进行张拉,使用捯链配合紧线器张拉钢丝绳,先张拉短方向,再张拉长边方向,张拉顺序为由中间向两端。 (3)钢丝绳张拉完成后,在平台钢丝绳端部预留绳结,用马牙槎固定牢固。 (4)钢丝绳固定处留安全环、作标识。 (5)钢丝绳网格上铺设200mm×50mm脚手板,脚手板上铺木模板,木模板用钢钉固定在脚手板上,形成牢固、严密、可靠的施工平台,作业人员站在木模板上进行作业,安全带系于钢龙骨上	
68	地下室结构外墙导墙加固节点及凹槽结构施工工艺	
适用范围	适用于所有地下室外墙导墙施工	
推荐理由	(1)有效解决导墙顶部不在统一标高、导墙位置的止水钢板位置偏差、导墙与上部墙体混凝土接槎不美观、导墙加固以及新旧混凝土接槎位置的漏浆问题。 (2)避免修补,达到一次成型,提高效率和观感效果	示例图片
推荐工艺简要描述	凹槽采用15mm×20mm的模板条,导墙顶部增加一根方木,方木及模板顶部在统一标高,导墙的凹槽结构在同一水平标高上,提高观感质量。墙体混凝土浇筑完成后,新旧混凝土的接槎在同一水平标高上,美观且无漏浆。利用加固筋焊接附加水平钢筋和止水钢板,进行止水钢板位置的加固,避免混凝土浇筑过程中移位,保证防水效果。在导墙顶部墙体加固过程中模板伸至导墙止水螺杆,解决在墙体混凝土浇筑过程中漏浆的质量隐患	

69	地下车库碎石疏水地面施工工艺		
适用范围	适用于工程体量大、基础埋深较大、地下水压较大的地下室建筑地面工程		
推荐理由	(1)能有效地将地下潮气及结构底板渗漏水进行有组织疏导,防止面层开裂。 (2)碎石层比传统疏水板强度更高,且有更高的"活性",与面层混凝土贴合严密。 (3)在地面建筑设计厚度不变的工况下,加设碎石层后,可减少面层混凝土用量,进而节约成本造价	示例图片	
推荐工艺简要描述	地下车库碎石疏水地面的核心构造为"碎石疏水层+防水隔离层+建筑面层",地下潮气透过底板进入疏水层,由于疏水层上部有防水隔离层及细石混凝土面层截断潮气散发,地下潮气将自动寻找合适的通路,通过碎石缝隙进入导流管,通过导流管汇流至排水沟,最后汇流至集水坑		
70	钢结构阶梯型卸料施工工艺		
适用范围	适用于主体为钢框架+钢筋桁架楼承板结构的卸料施工		
推荐理由	(1)免搭设单独落地式或悬挑式卸料平台。 (2)可减少卸料平台费用,吊装安全	示例图片	
推荐工艺简要描述	结构施工时,选取二次结构较少位置,从底层至顶层该跨的楼承板不铺设,形成阶梯式,供周转料具及二次结构材料运输用。取消钢框架区域外架,外墙条板安装采用立板机,待各层一、二次结构完成后,从底至顶依次封闭		

71	装配式结构剪力墙安装定位钢板定位工艺	
适用范围	适用于装配式结构与现浇结构转换层预埋钢筋的定位	
推荐理由	(1)无须复杂工艺设备即可将预埋钢筋准确定位。 (2)避免预埋钢筋定位不准预制墙板无法安装就位,后期对预埋钢筋进行反复弯曲调直造成预埋钢筋强度下降。 (3)有效避免了混凝土浇筑过程中混凝土及振捣工具对预埋钢筋定位及角度的干扰。 (4)定位钢板可重复周转使用,避免钢材浪费。	示例图片
推荐工艺简要描述	利用钢筋废料将定位钢板与结构楼板钢筋进行绑扎或焊接连接,保证定位钢板定位准确且高出混凝土完成面 3～5cm。后将预埋钢筋插入定位钢板预先铣好的孔洞内,利用激光水平仪及直角尺统一标高及垂直度后与定位钢板进行绑扎固定。浇筑混凝土并待混凝土达到上人强度后将定位钢板与预埋钢筋解除绑定进行拆除,周转使用	
72	装配式楼板独立支撑工艺	
适用范围	适用于预制叠合板的板下支撑	
推荐理由	(1)大量减少预制楼板下的支撑架体用量,减少架体材料所占用的垂直运输工具工时。 (2)标准化可调节支撑体系施工方便快捷,可节约大量工时且施工标准化程度高,提高了支撑体系质量及安全性	示例图片
推荐工艺简要描述	根据方案及排板图定位独立支撑立杆位置,将三脚架与立杆组装,根据方案独立支撑排布图安装主龙骨,借助激光水平仪调整独立支撑标高,标高调整完成并经第一次验收后可以吊装预制楼板	

73	钢筋混凝土静力切割(绳锯)施工工艺	
适用范围	适用于城市更新、结构拆除改造、墙体局部定点破拆	
推荐理由	(1)适用于对建筑物整体结构的保护,无法使用大型机械设备。 (2)传统的拆除方式为人工动力破拆,与传统动力破拆相比,静力拆除施工工艺效率提升、安全性增高。 (3)相比传统人工破拆,省时省力,缩短结构局部墙体拆除工程工期,并解决了特殊部位墙体人工根本无法破拆的情况。 (4)最大限度地解放人工,提高拆除效率,解决了人工破拆无法精准拆除且接口处参差不齐的问题	示例图片
推荐工艺简要描述	该技术是基于绳索的剪切和摩擦作用原理完成的。在切割时,切割者将绳锯绕在要切割的物体上,然后拉动两端的绳索来进行切割。由于绳索的密度大,并且绕在物体上,因此在拉动绳索时,其纤维将切割物体	

74	桥梁支座垫石洗孔快速定位技术	
适用范围	适用于桥梁工程中不同型号的支座垫石洗孔定位	
推荐理由	(1)快速精准地定位支座垫石上的每个预留孔,也能对偏差较大的孔位重新洗孔,保证垫石洗孔定位质量。 (2)提高施工效率,提高后期支座安装的一次合格率,避免二次返工。 (3)使用方便、制作简单,实用性强,不受桥梁支座型号限制,可在不同支座型号中循环使用	示例图片
推荐工艺简要描述	通过采用标注好刻度的方钢管和镀锌扁钢组成整体托架,以及扁钢回弯形成简易滑槽,从而实现定位钢筒的四向调节,结合托架上的刻度指针,可实现支撑垫石上每个预留孔的快速精准定位,保证垫石洗孔的精准度,方便后期支座安装。 该技术不但可以在使用前快速精准定位,安放平稳,还能应用于不同型号、不同尺寸的桥梁支座的预留孔核对,若预留孔的偏差较大可重新洗孔,此外还具有循环使用、制作简易、使用方便等特点	

75	钢框架结构外防护架施工工艺	
适用范围	适用于主体结构为钢结构＋钢筋混凝土现浇楼板/叠合板的结构形式的建筑	
推荐理由	(1)主体结构为钢结构框架＋混凝土楼板,外架可提前在钢梁上搭设,相较于悬挑架,搭设时间不受制约。 (2)钢结构施工要快于混凝土结构1～2节柱,在施工较快的钢结构上按自然层搭设外防护架,这样混凝土结构施工就有了架体防护。同时,搭设架体的时间与混凝土结构、钢结构可同步进行,不占用关键线路。 (3)高层结构采用钢结构＋混凝土的组合形式也可以使用此种外架形式,安全、快捷、周转率高、经济	示例图片
推荐工艺简要描述	钢框架结构外防护架将外脚手架优化为在外侧钢梁间搭设立杆,在立杆上挂设钢板网的层间防护形式;该层内支撑架拆除后,防护也同时拆除,再逐层搭设定型临边防护	
76	现浇混凝土内置保温体系施工工艺	
适用范围	适用于夏热冬冷地区、寒冷和严寒地区有保温隔热要求的高层、多层和低层所有民用建筑和公共建筑	
推荐理由	(1)保温性能好,采用多层结构设计形式,具有较高的强度和良好的保温性能。 (2)防火阻燃,保温层内外主立面被水泥聚合物砂浆保护层包覆,在施工过程中可有效避免火灾现象的发生,符合消防安全的需求。 (3)经久耐用,耐候性好,使用期限长	示例图片
推荐工艺简要描述	现浇混凝土内置保温体系在保温板的一侧或两侧以双层焊接钢筋网为支撑,通过插丝穿透保温板并留一定的长度形成焊接钢筋网架保温板。在焊接钢筋网架保温板两侧浇筑防护层和结构层混凝土,防护层和结构层通过连接件连接,形成复合保温的混凝土构件。该体系构造设计合理,抗震性能好,热工性能优良,改善保温材料的使用寿命,实现了保温与结构一体化	

77	附着爬升脚手架施工工艺	
适用范围	适用于45m以上的高层建筑主体外防护架搭设	
推荐理由	(1)低碳性。节约钢材用量70%,节省用电量95%,节约施工耗材30%。 (2)经济性。适用于45m以上的建筑主体,层数越多经济性越明显,每栋楼可综合节约外架30%~60%的成本。 (3)安全性。采用全自动同步控制系统和遥控控制系统,多重设置的星轮防坠落装置,确保防护架体始终处于安全状态。 (4)智能化。采用微电脑荷载技术控制系统,能够实时显示升降状态,自动采集各提升机位的荷载值,有效避免超载或失载过大而造成的安全隐患。 (5)美观度。施工项目整体形象更加简洁、规整,能够更有效、更直观地展现施工项目的安全文明形象	示例图片
推荐工艺简要描述	一次性组装完成,附着在建筑物上,随楼层高度的增加而不断提升,整个作业过程不占用其他起重机械,大大提高施工效率	
78	防水卷材接缝非固化涂料二次处理施工工艺	
适用范围	适用于防水卷材接缝处理	
推荐理由	(1)当有基层开裂、防水层拉伸的情况出现时,充分发挥非固化涂料"自愈性、蠕变性、适应性、防窜水性"的特点,对荷载进行吸收,使得可能出现的微裂缝得到更好的密封,大大增强防水能力,防水层的使用寿命增长。 (2)非固化橡胶沥青防水涂料与防水卷材具有良好的相容性。 (3)与传统的沥青密封膏、高分子密封材料对比,施工流程更简便,施工效率更高	示例图片
推荐工艺简要描述	防水卷材接缝粘贴完成后,将加热好的非固化橡胶沥青防水涂料浇至接缝处,并用刮板涂刷均匀,厚度为2mm,宽度为接缝两侧各100mm	

79	承压型囊式扩体锚杆技术工艺	
适用范围	适用于建筑基坑支护及地下抗浮	
推荐理由	囊式扩体锚杆作为一种抗拉构件,已广泛应用于地下空间抗浮、深基坑支护、高耸建构筑物抗倾、边坡防护等岩土锚固领域。为建设节约了大量建设资金,实现了建材节约、节能减排,促进了土木建筑行业的绿色施工技术发展与应用	示例图片
推荐工艺简要描述	囊式扩体锚杆编锚 → 放线定位 → 钻机就位 → 钻机引孔 → 旋喷扩孔 → 接管下锚 → 囊仓压力注浆 → 拆管补浆 → 锚杆/结构防水处理 → 锚杆防腐处理 → 张拉锁定 → 外锚头密封处理	

示例图片标注:φ34预应力螺母配套垫片、150×150×20钢垫板、φ34精轧螺纹钢、保护帽、螺旋箍筋、膨胀止水条、自由段注浆体、自由段防腐套管、对中支架、止浆塞、KT600膨胀挤扩体、变截面囊式扩体锚杆

80	现浇混凝土免拆模板保温系统	
适用范围	适用于新建、扩建建筑中现浇混凝土具有保温要求的部位,满足现行建筑防火相关法律法规和标准规范要求	
推荐理由	该系统以免拆模板作为混凝土浇筑时的模板,通过连接件将免拆模板与现浇混凝土牢固浇筑在一起形成无空腔保温系统,施工完成后形成建筑结构和保温一体化。免拆模板的保温芯材导热系数小于 $0.065\text{W}/(\text{m}^2 \cdot \text{K})$,拉伸粘结强度大于 0.15MPa,燃烧性能不低于 A_2 级;免拆模板抗折均布荷载大于 $4000\text{N}/\text{m}^2$,垂直于板面方向的抗冲击性能大于 10J	示例图片
推荐工艺简要描述	以免拆模板作为混凝土浇筑时的模板,通过连接件将免拆模板与现浇混凝土牢固浇筑在一起形成的无空腔保温系统。根据其应用部位分为现浇混凝土免拆模板外墙保温系统和现浇混凝土免拆模板楼面保温系统	

续表

81	可拆卸螺栓连接装配式混凝土建筑快速建造技术	
适用范围	适用于抗震设防烈度 8 度(0.2g)及以下区域,三层及以下低层装配式混凝土民用建筑	
推荐理由	建筑结构体系采用标准化预制夹心保温墙板与预制楼板等构件,构件之间采用可拆卸的螺栓连接,外露螺栓节点应作防锈处理并定期维护,外墙预制构件接缝应采取可靠防水措施,管线宜采用与结构分离的铺设方式,内部装饰宜采用装配式干法工艺。建筑构件可拆卸,能够重复利用,结构构件装配率可达100%,建造时间相比传统现浇结构可缩短90%,现场人工减少80%	示例图片
推荐工艺简要描述	主体结构主要由预制混凝土墙板、楼板、楼梯板等板式构件组成,相邻预制构件之间以及预制构件与基础之间采用螺栓连接,经现场装配施工形成的一种装配式混凝土结构	
82	GRF(绿色装配式)边坡支护施工工艺	
适用范围	适用于边坡支护采用的土钉墙或自然放坡开挖的基坑	
推荐理由	(1)GRF(绿色装配式)边坡支护,护面层刚柔相济,可阻止雨水冲蚀坡面;并能工业化生产,指标稳定,可装配化安装,减少人工及材料投入,节约工期,降本增效;能拆除、可周转,施工绿色环保。 (2)GRF(绿色装配式)边坡支护,实现传统钉支护形式与新型护面相结合,施工便捷,缩短工期,降低成本,效果显著;可周转使用,减少了喷射混凝土带来的环境污染问题,节材降本作用明显;无须钢筋绑扎焊接,优化工艺,省工省时	示例图片
推荐工艺简要描述	GRF(绿色装配式)边坡支护采用工厂集中加工 GRF(绿色装配式)面层材料及相关配件进行一体化组合式防护。面层系统遵循从坡顶翻边位置向下铺设,下放至开挖面,面层与面层直接进行连接,用连续钢丝绳将土钉端头进行串联并拉紧,再在土钉端头采用套筒紧固,形成基坑边坡一体化组合式防护	

83	自锁式管道吊洞装置施工工艺	
适用范围	适用于新建楼房管道预留洞安装	
推荐理由	(1)施工速度快,比传统方式提高了3~4倍,可节省成本65%以上。 (2)施工步骤简单,只需1人安装,可在楼下安装,楼上灌水泥浆。 (3)施工质量到位,封堵模板表面紧贴楼板底面,使封堵后的预留洞表面和楼板表面一样平整。 (4)防水密封性好,水泥浆不会渗漏,使管道表面干净整洁,也减少了以后渗水的可能性。 (5)使用方便性高,拿来便用,无须人工制作。 (6)经济实用,塑料模板价格低廉,不变形,不易老化,循环使用	示例图片
推荐工艺简要描述	自锁式管道吊洞装置是以聚乙烯半成品颗粒及PVC塑料颗粒混合为原料加热压铸而成,或以高分子工程塑料纯ABS粒子注塑而成。在使用时,将其模板两半平面向上紧贴楼板下表面卡在管子上,再把两边紧固可旋的螺栓柱或蝴蝶螺母手动旋固紧即可。从楼板上表面向预留洞的空隙里放入混凝土并压实抹平;等混凝土凝固后,把紧固蝴蝶螺母拧松,取下塑料模板,可循环利用	

84	装配式空心楼板施工工艺	
适用范围	适用于对建筑净空和装配率要求较高的房屋建筑类项目	
推荐理由	(1)装配式混凝土空心楼板采用标准化设计、工厂化生产、装配化施工,提高设计、生产效率,降低人工成本,降低构件生产成本。 (2)装配式混凝土空心楼板,建筑室内无次梁,使用空间效果好。 (3)构件标准化程度高,减少施工质量通病,降低事故隐患,可减少预制构件数量、降低预制构件重量、减少占用塔式起重机时间,工期更有保障。 (4)装配式混凝土空心楼板可采用塔架式支撑,实现少支撑免模板施工。减少人工及材料投入,节约工期,降本增效。 (5)减少施工过程中造成的环境污染,减少建筑垃圾,减少现场扬尘和噪声污染80%	示例图片
推荐工艺简要描述	装配式空心楼板新技术采用装配式混凝土空心楼板＋钢筋桁架楼承板。采用预制预应力混凝土板为底板,矩形桁架底部钢筋预制于底板内,填充体设置于预制底板上,在板上部绑扎另一方向的肋梁钢筋及板面钢筋。后浇混凝土形成的整体空心楼盖,底板厚度为60mm	

续表

85	预应力空心板施工工艺
适用范围	适用于对建筑净空和装配率要求较高的房屋建筑类项目

| 推荐理由 | (1)相较于传统的梁板柱结构,大跨度预应力空心板板底无柱子,因此可获得极大的空间。
(2)预应力结合 LPM(轻质材料)填充箱,使得楼板空心率更大、结构自重更轻。
(3)与传统的主次梁的结构形式相比,空心板可降低区域内结构高度(约降低一半),因此在保证设计标高的情况下,相当于提高净空高度。
(4)整体受力性较好,承受集中荷载的能力更强。
(5)空心板施加预应力后,结构的抗裂性能更好,若合理设计,甚至可以保证构件完全不开裂。
(6)结构保温、隔热、隔声性能更好,更有利于节能 | 示例图片 | |
| 推荐工艺简要描述 | 预应力空心板新技术采用 LPM 填充箱＋缓粘结预应力后张拉。
工艺流程:支板底模,铺放板底钢筋→绑扎空心板肋梁箍筋及上铁→预应力筋的定位→工厂下料的预应力筋进行固定端挤压锚具的组装→组装后的预应力筋运至现场,并垂直运输至铺放部位→穿预应力筋→铺放填充材料→支端模→采取抗浮措施及绑扎板面钢筋→隐检验收→浇筑混凝土→张拉预应力筋→预应力筋端部处理 | | |

86	超高超重精装门安装施工技术	
适用范围	适用于建筑工程、室内精装修工程超高超重精装门安装	
推荐理由	(1)解决了超高超重防火门加工运输难、施工安装难度大、通道容易碰撞损坏等难题。 (2)使用的超高超重门经过碳足迹检测认证工作,推动"双碳"目标在建筑工程中的应用。 (3)对超高超重门扇内部组合构造进行深化,保证满足功能要求的同时减轻板面质量,突破常规门扇板幅限制,加快生产加工周期	示例图片
推荐工艺简要描述	(1)采用承重型大偏芯地弹簧,偏芯上轴及中轴解决了门扇质量超重、门扇支承困难的问题,遵循先装门顶上轴片,再装偏芯地弹簧,最后装中轴的安装固定顺序。 (2)优化组合式门扇构造,生产加工方便,能减轻自身质量,可增加门扇板幅。满足功能要求的同时,缩短加工周期。 (3)门框采用减振及免焊接安装方式,克服不同墙体基层门框安装难点,提升效率,减少门扇开合碰撞及振动传递。 (4)减少机械设备的投入。安装采用捯链布吊袋配合底板滑动装置及临时 C 形门槛进行高大门扇提升安装	
87	大跨度木结构吊顶望板施工技术	
适用范围	适用于建筑工程、室内精装修工程大跨度木结构吊顶望板的安装	
推荐理由	(1)内保温装配式分层隔声构造,表面方通仿传统建筑木檩条,传统与现代相结合,实现望板与木结构协调美观、隔声防火、节能吸声的功能。 (2)绿色低碳理念融入前端设计,使用仿花旗松木纹 A 级超微孔纳米吸声蜂窝板(鱼鳞孔)为望板材料。 (3)研发望板生根及安装关键技术,形成望板拼缝弱化及隐藏,顶面空间整体协调美观,施工安装安全高效	示例图片
推荐工艺简要描述	木檩条与木梁使用角码固定,岩棉和防火石膏板安装前在木檩条上安装吊顶铝板连接件,连接件为定制铝合金连接件;待岩棉和石膏板完成安装后安装吊顶铝板。吊顶板为仿木纹微穿孔蜂窝铝板,板厚为 25mm,大跨度微穿孔蜂窝铝板以单元的形式运至现场整体化安装。微穿孔铝板背衬玻璃棉具有很好的吸声降噪功能,同时还能满足 A 级防火阻燃的消防要求	

88	混凝土地坪铠装缝施工工艺	
适用范围	适用于大型厂房、展厅重荷载地坪,部分车库混凝土地坪	
推荐理由	(1)镀锌钢板加工而成,不会生锈,可用于室外地坪。 (2)无须拆模,无须切割,节省人工。 (3)带有传力片,更好地在板块之间传递荷载;根据地坪厚度定制钢板高度。 (4)安装方法简易,钢筋直接固定在垫层上;自带载荷传递功能,上方施工缝内侧有特殊加工钢筋,可大幅提高抗冲击能力;保持地坪施工缝处混凝和钢板锚固的连续性	示例图片
推荐工艺简要描述	(1)铠装缝安装就位,检查其顶面与浇筑完成标高是否一致,及时进行调整。 (2)将预埋钢筋和铠装缝锚固件焊接牢固,再横穿 φ12mm 以上水平钢筋,用钢丝扎紧或焊实,使之构成一体,精轧而成。 (3)浇筑混凝土	
89	剪力墙模板免开孔施工工艺	
适用范围	适用于建筑主体结构剪力墙模板支设	
推荐理由	(1)减少整张模板开孔,对模板没有破坏性,提高模板周转率。 (2)中间板带木工后台集中加工开孔,减少现场止水螺杆大面积开孔,安拆模板系统方便、快捷。 (3)两侧模板间不用穿止水螺栓,避免了传统方法施工时对穿孔位不在同一位置产生模板移位、不垂直、接缝不严密,导致浇筑基础时漏浆、烂根等现象,保证了墙体的平整度、垂直度及整体观感效果	示例图片
推荐工艺简要描述	(1)自下而上进行排板,模板按长向尺寸横向设置。 (2)在两排整张模板之间设置宽 100mm 模板条,作为对拉螺杆开孔板,并按此排板方式逐排配置至顶端非整板位置。 (3)墙顶端上一排模板为非整板,将最上一排的螺杆设置于非整板上。 (4)通过以上方式,调整对拉螺杆竖向间距,使对拉螺杆均设置在非整张模板上,达到整张模板免开孔的目的	

90	住宅连廊贝雷架支撑平台施工工艺	
适用范围	适用于住宅钢筋混凝土空中连廊模板支撑	
推荐理由	在空中连廊结构下，采用加强型贝雷梁拼装成模板支撑平台体系，代替传统悬挑工字钢模板支架，既保证了安全，也节省了工期	示例图片
推荐工艺简要描述	贝雷梁之间采用花架连接为一个整体。贝雷架上固定 14 号工字钢分配梁作为支撑脚手架横梁，在贝雷架上满铺跳板作为硬防护。工字钢上采用满堂支架，用于混凝土连廊模板支撑体系	

91	主塔核心混凝土外墙与水平板同步施工技术	
适用范围	适用于超高层项目	
推荐理由	根据本工程结构特点，核心筒墙体与核心筒内水平结构同步施工，爬模采用"外爬内支""外钢内铝"形式，核心筒外采用爬模，筒内采用木模支撑体系。该技术的运用彻底为后续专业提前插入提供作业面，加快工序穿插。同时，解决了以往超高层施工中水平板需在竖向墙体后施工带来的空间交叉作业系列安全隐患，极大地保障了超高层施工安全	示例图片
推荐工艺简要描述	核心筒墙体与核心筒内水平结构同步施工，爬模体系成防护＋支模＋通道＋养护一体，实现高效建造（核心筒外采用爬模，筒内采用木模支撑体系）。核心筒墙体标准层采用外钢模配内铝模进行施工，非标层现场采用木模接高进行施工；水平楼板采用木模。核心筒内侧电梯井筒随着楼层升高逐步取消，爬模架体随之逐步拆除	

92	机电管线—次套筒直埋技术		
适用范围	适用于各种机电洞口的预留预埋		
推荐理由	安全管理上避免后浇洞施工带来的临边作业隐患、支模吊模施工隐患、材料运输隐患、盲区作业等系列安全问题,同时绿色环保,极大地减轻了文明施工管理压力	示例图片	 套管一次直埋反向标靶激光定位
推荐工艺简要描述	传统管井在主体一次结构施工时,需预留后浇洞,于一次结构浇筑施工完成后,经过拆模、架体二次搭设、管井模板吊模、套管预埋及钢筋绑扎各个工序后,再进行管井零星混凝土浇筑。该技术开发了一种全新的免二次浇筑、免架体模板搭设、跟随主体结构进度的管井套管一次直埋的成套施工工艺		 一次套管直埋完成　每五层利用线坠及垂准仪复核预埋套管垂直度
93	异形幕墙大板块整体吊装技术		
适用范围	适用于超高层异形幕墙结构		
推荐理由	原方案为1.4万小板块拼装,严重影响进度,存在吊次多、安全风险大、质量难以保障等风险。 经研发,采用大板块装配式整体吊装技术。将14个小单元板块优化为1个整体大单元板块,吊次数量由1.4万块降低至998块,大大节约吊次,减少现场拼装用工量,同时减少了安全隐患和小板块拼接带来的一系列质量隐患	示例图片	 幕墙大板块BIM模型　每个大板块单独设计胎架和背负钢架
推荐工艺简要描述	(1)采用BIM、3D打印等技术:实现由模型再到构件的无纸化加工。 (2)大板块装配式加工组装:设置永久连接的背负钢架提升板块刚度,六角交会处设置六角铝合金铸造件连接插芯,保证板块节点连接强度。 (3)设置专用刚性胎架:用于保证大板块组装精准定位及变形控制,大板块同组装胎架整体运输		 大板块同组装胎架整体运输　幕墙大板块整体吊装

94	超高泵送系统下地下室技术	
适用范围	适用于场地狭小的超高层项目	
推荐理由	传统超高层项目,超高泵送系统管道支架高,经常阻断现场交通动线,严重加剧了超高层本身就有的场地紧张问题。同时,超高压泵车噪声极大,在城区核心区域极易扰民,产生严重的噪声污染。将泵车及泵管设置于地下室负一层,减少混凝土泵管布置对首层平面布置的影响和降低施工噪声,极大地促进了现场安全文明管理提升,达到了绿色施工成效	（示例图片） 负一层泵管布置示意图　泵车、泵管下负一层布置图
推荐工艺简要描述	将泵车场地转移至负一层布置,以便减少水平泵管布置对首层平面布置的影响和降低混凝施工噪声,混凝土浇筑均由此泵车场地向上泵送。水平泵管沿负一层板面布置,连接至塔楼核心筒竖向泵管处,采用现浇混凝土墩固定水平向泵管。此外,在负一层泵车场地设置集料池、水箱,下方负二层设置沉淀池、清水池形成的循环水系统来收集混凝土余料和清洗泵管废水	 泵车、泵管下负一层实景图

95	新型外脚手架连墙件施工工艺	
适用范围	适用于建筑主体工程及外墙装饰工程外防护架的连墙件搭设	
推荐理由	(1)省去了传统预埋钢管连墙件拆卸须切割,后期要对后留洞口进行封堵的麻烦。 (2)钢管不埋入结构,不损坏混凝土梁、板,仅需要在侧面埋入特质预埋件,保证主体施工质量。 (3)方便外墙进行幕墙施工或者砌体结构施工,外墙抹灰、贴面时一步到位,拆架时再也不需补砌筑、补抹灰,也不会引起外墙渗水现象	示例图片
推荐工艺简要描述	主体结构施工过程中,先在混凝土楼面外围梁侧面或剪力墙墙体内,按连墙件的设计位置,预先安装新型连墙件的内置方形钢制螺母的塑料管预埋件;再用 M16 六角螺纹的普通螺栓杆将专用连墙扣件与预埋件内的连接方形钢制螺母固定;最后用扣件将连墙钢管与脚手架的立杆连接在一起	

96	预铺反粘防水施工工艺		
适用范围	可用于常规工程,也可用于地铁和隧道等无法正常大面积全部开挖的工程以及围护结构与地下室结构墙之间没有足够作业面的防水工程		
推荐理由	(1)无须热熔明火施工,无污染、无有害物质释放,提高了施工人员的安全保障程度。 (2)卷材将结构混凝土由下向上包裹起来,二者的紧密结合杜绝了窜水问题,从根本上提高了地下防水的可靠度	示例图片	 预铺反粘防水施工工艺
推荐工艺简要描述	(1)钢筋混凝土 P8 自防水底板,随捣随抹平。 (2)1.2mm 厚预铺反粘法高分子防水卷材。 (3)3mm 厚 SBS 高聚物改性沥青防水卷材。 (4)刷基层处理剂一遍。 (5)100mm 厚 C15 素混凝土垫层。 (6)素土分层夯实		
97	隧道中心排水沟整体式滑模施工工艺		
适用范围	适用于公路工程项目的隧道中心排水沟施工		
推荐理由	(1)使用外滑模及内滑模保证了排水沟整体顺直,实现了隧道中心排水沟沟身混凝土的分层浇筑,提高了施工效率,节省了工期。 (2)沟身设计提高了隧道的排水能力,保证了隧道主体结构安全及延长了其投入使用寿命,规避了由于地下水造成的结构侵蚀、裂损,降低了后期维护成本	示例图片	 可调丝杆
推荐工艺简要描述	中心排水沟外模板及内模板,通过转动模板中部可调丝杆即可调整左右宽度大小进行模板安装及拆除,实现无砂大孔混凝土及 C25 素混凝土沟身的分层浇筑,满足隧道中心排水沟设计要求,保证排水沟沟身顺直且具有良好的排水性能		 可调丝杆

98	连续刚构桥菱形挂篮千斤顶预压工艺	
适用范围	适用于各类悬浇施工挂篮的预压,包括菱形挂篮、三角挂篮和混合式挂篮等	
推荐理由	施工工艺简单、科学、合理,能充分利用梁体结构的自身特点,施工方法新颖、安全可靠,与砂袋、水袋等传统堆载预压相比,可节省50%的工期,并可节省周转材料、机械、设备、人员投入,节省施工成本,加快施工进度,经济效益可观	示例图片
推荐工艺简要描述	首先在浇筑0号块混凝土前将型钢预埋在腹板内,混凝土浇筑完成后,在型钢上焊接斜撑,组成反力架,待挂篮和箱梁底模安装结束后,再将千斤顶置于反力架与底模的预留空间内。利用控制千斤顶压力,下压底模,上拉吊杆,模拟挂篮实际受力状态,从而测量出挂篮各部位的变形参数,以达到挂篮预压的目的	

99	预制箱梁翼缘板免凿毛工艺	
适用范围	适用于预制箱梁翼缘板施工	
推荐理由	(1)预制箱梁浇筑混凝土后免凿毛止浆带拆卸相对简便,通过采用免凿毛止浆带,在达到免凿毛效果的同时也增加了梁体的美观性。 (2)免凿毛止浆带为复合型高韧度材质,抗劳耐撕,重复利用率高,可重复使用多达60余次,相比传统人工凿毛,其经济性十分显著	示例图片
推荐工艺简要描述	免凿毛止浆带呈条带状,其一面为锯齿麻面,其厚度、宽度及长度都可根据现场施工要求进行选择,操作也较简便,只需在预制箱梁浇筑混凝土前将止浆带贴合到翼缘板、梳齿板即可	

100	连续梁桥 0 号块墩身预埋托架施工工艺	
适用范围	适用于预应力混凝土连续刚构桥、预应力混凝土连续梁桥 0 号块施工,尤其适用于高墩及施工条件差的桥墩	
推荐理由	(1)充分利用墩身,避免了地基处理的难度,减少了支架搭设时间,提高了工效,有效节约了工期。在墩身上预埋托架,节省了支架材料及地基处理的费用,降低了成本。 (2)托架受力明确,安装完成后采用千斤顶对托架进行预压,消除托架非弹性变形,易于 0 号块线形控制。 (3)在托架上安装作业平台,施工作业防护设施齐全、安全可靠	示 例 图 片
推荐工艺简要描述	双拼 45a 工字钢纵梁在混凝土浇筑前预埋在墩身混凝土内,托架斜腿上端焊接在 45a 工字钢纵梁上,下端则插入预埋在墩身内的盒子里。预埋盒子采用 2cm 厚的钢板制作,在钢板上焊接锚固钢筋,托架斜腿与预埋盒焊接牢固,双拼 45a 工字钢之间用双拼槽钢 20a 横向连接	
101	型钢下挂板操作平台施工工艺	
适用范围	适用于施工电梯、物料提升机梯笼层间停靠时与结构之间存在的间隙	
推荐理由	(1)无须搭设脚手架支撑,安全可靠度高。 (2)工厂化制作,安装拆除简单快捷。 (3)承载力可靠	示 例 图 片
推荐工艺简要描述	该工艺采用槽钢和角钢焊接成三角形下挂架,采用化学锚栓固定在结构梁上,面层满铺钢板,三角形下挂架焊接固定	

102	铝模螺杆孔预制水泥锥封堵施工工艺	
适用范围	适用于铝合金模板拆模后螺杆孔封堵	
推荐理由	(1)施工方便,施工效率较高。 (2)外墙螺杆孔封堵密实,能有效控制外墙渗漏。 (3)内墙螺杆孔封堵密实,能有效降低空鼓、开裂风险。 (4)水泥锥预制价格便宜,封堵工序可节约人工	示例图片 水泥锥 抗裂砂浆收口 胶粉:水泥为1:30
推荐工艺简要描述	(1)水泥锥蘸取少量胶粉+水泥混合物(水泥锥提前一天泡水,防水效果提高)。 (2)塞入剪力墙螺杆洞,用锤子敲击密实,清理孔边浆液,用抗裂砂浆抹平两端。 (3)外墙内侧及内墙(非迎水面)用抗裂砂浆抹灰即可,外墙外侧(迎水面)涂刷直径为50mm的JS防水涂料	 预制水泥锥原材　水泥锥蘸取水泥胶浆液　敲击密实　抗裂砂浆抹平,迎水面涂刷JS防水涂料
103	铝模采用拉片代替对拉螺杆施工工艺	
适用范围	适用于各种混凝土墙体铝模支模施工	
推荐理由	(1)拉片部位防渗漏效果较好。 (2)拆模后无须堵洞,拉片外露部分处理方便,节约成本	示例图片
推荐工艺简要描述	(1)模板固定采用拉片替代原拉杆(根据墙厚定制锯齿状拉片)。 (2)拆模后用专用拉片拆除器拆除突出墙面的部分,拉片断口在墙内2cm处。 (3)外墙外侧使用聚合物砂浆补平缺口并涂刷JS防水涂料	 拆模后拉片外露　用拉片拆除器拆除　拉片拆除后效果　迎水面涂刷JS防水涂料

续表

104	高压无气喷涂施工工艺		
适用范围	适用于机电、钢结构金属构件涂装		
推荐理由	(1)不仅适宜喷涂普通油漆,还适宜喷涂高黏度的油漆。 (2)喷涂均匀,涂层平整、光滑、致密,无刷痕、滚痕和颗粒,较少"过喷"和涂料反弹,可深入墙面空隙,使漆膜与墙面形成机械咬合,涂层附着力高,表面质量极佳,使用寿命长。 (3)喷涂效率高达 $300\sim500\text{m}^2/\text{h}$,节省人力、工时,提高效率,是传统滚筒施工方式的 10 倍以上,而且还可相对节省涂料 $20\%\sim30\%$。 (4)适用的涂料范围广,无须过度加水就能喷涂较高黏度油漆,如各类高光、中光、蛋壳光、丝光、亚光及"三合一""五合一"等高中档涂料	示例图片	
推荐工艺简要描述	使涂料通过加压泵($0.14\sim0.69\text{MPa}$)被加压,通过特制的硬质合金喷嘴($0.17\sim1.8\text{mm}$)喷出。当高压漆流离开喷嘴到达大气后,随着冲击空气和高压的急剧下降,涂料内溶剂剧烈膨胀而分散雾化,高速地涂覆在被涂物件上		
105	气吹微管微缆施工工艺		
适用范围	可以用于地下通信管道、住宅小区、办公大楼、下水道、地铁、高等级公路、高铁等通信设施的敷设和安装		
推荐理由	(1)管缆分离,避免线缆损伤后的二次施工。 (2)吹缆简单快速,能降低施工成本。 (3)可重新吹缆,永久解决光纤扩容难的问题。 (4)微缆直达 86 底盒,解决盘纤难题。 (5)垂直采用大芯数微缆,能简化甚至取消弱电间	示例图片	
推荐工艺简要描述	气吹微管微缆技术是利用气吹机的机械推进器把微缆推进管道,同时空气压缩机把强大的气流通过气吹机的密封舱送进管道,这种高速流动的气流在微缆的表面形成一种拖曳力,促使微缆前进		

106	墙柱阴阳角模板采用专用加固件加固施工工艺	
适用范围	适用于建筑主体工程及外墙装饰工程外防护架搭设	
推荐理由	(1)有效控制高低强度等级混凝土分离； (2)保证梁柱接头位置混凝土的结构强度	示 例 图 片
推荐工艺简要描述	(1)钢套管及角钢壁厚不小于35mm； (2)焊缝要饱满，不得有气孔； (3)开孔要准确，上下对应	
107	装配式双C形龙骨栓接	
适用范围	适用于装饰装修吊顶转换层施工	
推荐理由	吊顶转换层采用装配式双C形龙骨栓接，节约钢材用量8%，取代传统焊接工艺，减少现场施工动火作业	示 例 图 片
推荐工艺简要描述	吊顶转换层无须焊接施工，避免动火作业安全隐患，同时栓接施工可采用手持式器具，从而实施无电化施工，极大地减少临时电缆线的使用投入，有效从源头规避临电安全风险	

108	新型套筒式预应力实心方桩施工工艺	
适用范围	适用于建筑主体工程及外墙装饰工程外防护架搭设	
推荐理由	(1)较传统的焊接桩头,减少钢筋焊接的工序,大大加快施工进度。 (2)节约钢筋,降低材料消耗。 (3)桩头钢筋套筒连接质量较焊接容易把控,且钢筋成型质量较好	示例图片
推荐工艺简要描述	(1)场地平整,满足静压桩机施工条件。 (2)工程桩进场验收,静压桩机组装。 (3)工程桩定位、施工。 (4)土方开挖至垫层标高,垫层浇筑。 (5)桩头套筒保护帽清理,桩头清理。 (6)桩头钢筋按照设计长度、规格下料和套丝。 (7)桩头钢筋使用专用扳手进行安装。 (8)桩头钢筋按照统一的角度进行弯折,锚入底板	

109	新型地下室排水板施工工艺	
适用范围	适用于外部土质含水量较大,且底板无针对性防水措施的工程	
推荐理由	适用范围较广,地坪浇筑厚度满足铺设排水板要求	示例图片
推荐工艺简要描述	采用该工艺可确保地下室排水沟合理布置,确保疏水板连通到排水沟,严格控制基层清理标准、疏水板铺设质量,疏水板施工过程中若有压扁、损坏的情况必须及时清理更换	

110	橡胶塞封堵外墙螺杆洞施工工艺	
适用范围	适用于建筑主体工程及外墙穿墙螺杆孔洞封堵	
推荐理由	(1)较传统砂浆法工效高，操作便捷、高效，节约工期，有利于后续墙体抹灰及装饰装修。 (2)相较传统砂浆封堵，无须依赖较高手艺的抹灰封堵工人，一般普通工人即可操作。 (3)相较常规封堵，无须防水砂浆及防水涂料，橡胶塞附加发泡胶综合，廉价、高效。 (4)无须较大程度地依赖防水砂浆及其养护与塞实度质量，传统砂浆法对于杆件孔洞狭小空间砂浆饱满度要求高，工效低，且易引起渗漏水隐患质量通病。 (5)在结构外架，采用铁锤敲击，无须携带大量砂浆、材料，无砂浆等材料高处撒落风险，安全性更佳	示例图片
推荐工艺简要描述	(1)外侧橡胶塞：选用较硬、耐久性高的橡胶，橡胶塞直径宜比孔洞大 2mm，塞形采用圆锥形，头小尾大(直径差 2mm)，头端局部中心中空，便于塞紧后收缩，尾端实心。 (2)内侧发泡胶：采用聚氨酯发泡胶填充	

111	深基坑格构式塔式起重机基础悬挑式上下梯笼施工工艺	
适用范围	适用于深基坑中格构式塔式起重机基础上下通行通道搭设	
推荐理由	(1)深基坑格构式塔式起重机基础悬挑式上下梯笼可以随土方开挖逐段增加悬挑梯笼，随地下结构施工，逐段拆除悬挑梯笼，相较于反复搭设上下爬梯，节约工期。 (2)深基坑格构式塔式起重机基础悬挑式上下梯笼中型钢及塔式起重机定型化梯笼可以拆除，周转使用，项目结束后100%可回收。 (3)深基坑格构式塔式起重机基础悬挑式上下梯笼，采用型钢悬挑结构，受力较好，定型化塔式起重机梯笼安全可靠，叠加塔式起重机基础面防护及防坠器，安全性能满足使用需求	示例图片
推荐工艺简要描述	深基坑格构式塔式起重机基础悬挑式上下梯笼采用悬挑工字钢与成品梯笼相结合的方式设计，通过塔式起重机基础上的工字钢对梯笼进行端头固定及格构柱焊接悬挑工字钢对梯笼进行中段加固相结合的方式来对传统的临时梯笼通道进行优化。该梯笼能够随场不同施工进度进行安拆，降低成本的同时节约工期	

112	后浇带混凝土柱支撑施工工艺	
适用范围	适用于后浇带回顶	
推荐理由	(1)该技术在保证结构安全性的同时,既节约了施工场地,又提高了模板支撑体系的周转率,取得了显著的社会和经济效益。 (2)避免了工人随意拆除后浇带支撑模架,为后期后浇带浇筑质量提供保障。 (3)避免了工人登高作业风险	示例图片
推荐工艺简要描述	根据计算得出所需的混凝土支撑截面尺寸和布置根数,采购对应直径的波纹管;根据施工图纸楼层信息,对其进行现场长度加工。当后浇带模板铺设完成后,在支撑所在位置的模板上开圆形孔,将波纹管放入,并与周边模板支撑架体固结紧密。顶板浇筑前,预先采用 C20 混凝土浇入波纹管内,终凝后形成混凝土支撑柱(是否配筋根据计算结果确定)	

113	剪力墙外墙穿墙螺杆洞用成品橡胶软塞施工工艺	
适用范围	适用于剪力墙外墙穿墙螺杆洞封堵	
推荐理由	(1)施工工艺简单,方便操作,根据螺杆洞的规格用尖头锤打入螺杆洞,使橡胶塞进入螺杆洞即可,节约工期。 (2)封堵效果好,节约后期人工维修成本。 (3)用成品橡胶软塞封堵外墙,成品质量控制容易,封堵防水质量好,耐久性好	示例图片
推荐工艺简要描述	用成品橡胶软塞封堵外墙,施工速度快,施工方便、简单,成品质量容易控制,防水效果好	

114	预制砖胎膜施工工艺	
适用范围	适用于各种基坑中的承台、集水坑等	
推荐理由	(1)安装简单,施工速度快,施工成本低。 (2)减少现场湿作业,采用拼装的作业方法,施工高效、简单,节省施工工期,减少基坑暴露时间,防止基坑不安全事故的发生	示例图片
推荐工艺简要描述	在预制场根据水泥、砂、轻质骨料、膨胀剂等配比预制而成,具有轻质、高强、施工简单、高效的工艺特点	

115	高压线下超低净空超深基坑地下连续墙施工方法	
适用范围	(1)适用于工期紧,对于结构有明确的工期节点要求,无法等待原位提升的工程。 (2)适用于高压线下施工距离不足的工程。 (3)适用于需要 10m 以上挖深、需要使用地下连续墙的工程	
推荐理由	高压线下超低净空超深基坑地下连续墙施工方法可以在确定的时间内完成高压线下地下连续墙施工。不提高高压线高度,可以省下高压线塔的成本。增加的钢筋连接,人工成本只是十万元级别,高压线塔本身造价上千万元,加上高压线停电造成的经济损失,提升高压线需要增加 2200 万元的施工费用	示例图片
推荐工艺简要描述	一种高压线下超低净空超深基坑地下连续墙施工方法,即在经围护设计和主体结构设计安全验算情况下,使用地下连续墙底部搭接 RJP(高压旋喷桩施工工艺)的结构形式,同时使用 RJP 进行墙缝止水。在施工过程中使用改装的低净空成槽机进行成槽,将钢筋笼分成多节,钢筋胎膜设置在高压线外,通过平板车进入场内,使用折臂吊进行吊装,用长短丝的方式配合机械千斤顶进行钢筋笼对接	钢筋套丝　胎膜整体加工　分节起吊　上下对齐　分节连接

116	预制柱设置排气孔	
适用范围	适用于框架结构的预制柱灌浆施工	
推荐理由	(1)截面尺寸较大的预制柱,为了提高灌浆施工质量,宜设置排气孔。 (2)预制柱设置排气孔,可以排出预埋件与混凝土之间的空气,增加接触面,便于柱脚底板下灌浆材料浇灌密实。 (3)高位排气孔在需要补灌时可兼作重力补灌孔	示例图片
推荐工艺简要描述	(1)排气孔应设置在键槽的中心点。 (2)排气孔最高点设置在高于最高位套筒出浆孔上方 100mm 位置。 (3)灌浆孔与排气孔间距不小于 50mm,排气孔宜采用波纹管	

117	幕墙异形钢龙骨分段预拼施工工艺	
适用范围	适用于幕墙工程异形钢龙骨的安装	
推荐理由	(1)幕墙钢龙骨采用现场焊接的形式,焊接变形量大,工厂预制可减小现场焊接变形,且变形位置可以矫正,提高整体效率,保证质量。 (2)相邻钢龙骨采取插接形式,便于定位焊接,减小安装过程中的累计误差。 (3)提高材料利用率,降低材料损耗	示例图片
推荐工艺简要描述	第一步:根据实际情况分成若干小单元,特别是异形框架,需根据犀牛模型分解。 第二步:在工厂内分别把小单元构件预制成成品。 第三步:小单元预制完成后在工厂进行预拼装,如有问题在工厂内部拆改,再进行预拼装。 第四步:预拼装确认无误后,拆解为小单元并打包,可靠固定后运输至现场。 第五步:现场以小单元的形式按既定顺序吊装。 第六步:小单元之间进行连接、调整	

118	装配式免焊钢架系统	
适用范围	适用于饰面材料与结构墙体固定连接的基层施工	
推荐理由	(1)各部件均由工厂预制,将80%的现场工作前置,无须经历烦琐且费时的焊接过程,可使工期大幅缩短。 (2)与传统焊接龙骨对比,综合单价更低,安装便捷,拆卸灵活,充分发挥装配式的优势,可重复使用。 (3)能够避免现场各类焊接的质量通病,安装人员简单培训后就能组装操作,拆改方便,质量易于把控。 (4)无须经历动火等高风险作业,更具备安全性	示例图片
推荐工艺简要描述	以镀锌钢板为原料,轧制焊接成的异形型材作为装配式免焊钢架的支撑支架,通过角连接件将异形型材交叉连接,依附墙地固定件将异形型材固定于墙地面,借助装饰板扣件将开槽装饰板固定在装配式免焊钢架上。如需拆除,只需按照安装的反向步骤来拆除即可,所有的部品部件均可重复使用	

119	盘扣双槽钢托梁模板支撑体系	
适用范围	广泛应用于公建、房建工程	
推荐理由	(1)安全可靠。采用50mm×100mm钢方通代替双钢管,截面抗弯性能大大提高,钢包木代替传统木方,次楞弹性模量大大提高,承载力高。 (2)搭拆快,易管理。此工艺可以充分利用材料的本身强度,操作人员可以更方便地进行组装。 (3)节省材料。传统盘扣立杆间距多为600mm、900mm,使用双槽钢托梁支撑体系,立杆间距为1200mm、1500mm、1800mm,可大大节省立杆用量	示例图片
推荐工艺简要描述	梁板立杆共用,双槽钢托梁托于立杆圆盘上,槽钢上放置托梁底座,在可调托撑内放置主龙骨,次龙骨,最后铺设模板	

续表

120	载体桩施工工艺
适用范围	载体桩是通过夯填建筑垃圾(碎砖、混凝土块、砾石等),并掺入干硬性混凝土,对桩端土进行挤密,形成复合地基扩展基础,将作用在桩顶上部的竖向荷载,通过桩身传到复合载体,并扩散到基础底部的持力层。 适用于采用载体桩技术的工业与民用建筑和一般构筑物。有特殊要求的建筑物或构筑物采用载体桩技术的,也可参照使用

| 推荐理由 | 载体桩复合地基与传统地基相比,承载能力有明显的加强,因为载体桩是通过桩基受力的,这种受力方式有几个比较明显的优点,荷载传递形式更简单,过程更容易理解。它的单桩承载力很高,是同直径同长度普通桩的3~5倍。这种耐受力,在相同的大小下,就显得十分突出。再加上这种复合地基的施工工艺并不复杂,所以质量也是容易把控的。甚至在整个施工过程中都不需要场地额外降水作为辅助,这样在无形之中就为工程建设的过程减少了不少的工程量,节省了时间,缩短了工期。另外,载体桩还可以防止一些建筑垃圾的产生,绿色施工效果更加明显 | |
| 推荐工艺简要描述 | (1)复测桩位线:依据规划定点将桩位放线完毕,经监理验线合格后进行施工。
(2)移机就位:检查桩机设备工作是否正常,调直护筒,移桩机就位,调整护筒垂直。
(3)夯击成孔:先用细长锤低落距轻夯地面,使护筒准确定位于桩位,然后再提高细长锤夯击成孔。
(4)沉护筒至设计标高:锤击成孔时,护筒下沉,当接近桩底标高时,控制重锤落距,准确将护筒沉至设计标高。沉管速度不大于1.5m/min |
A_e—影响土体的直径范围 |

示例图片

121	泄水减压工艺	
适用范围	适用于建筑结构地下抗浮	
推荐理由	(1)与常规抗浮方法相比,泄水减压专利技术安全,降低工程造价。 (2)采用泄水减压技术使地下室水浮力得到控制和减小,使地下建筑物的结构受力减小。 (3)泄水减压装置可与主体结构同步施工,不占工期,节省施工时间	示例图片
推荐工艺简要描述	泄水减压主要是由泄水装置和排水系统组成。原理是通过泄水减压装置将地下室外的地下水引入至排水系统,经过排水系统将地下水排出。具体做法为事先在地下室外墙或底板上设置泄水孔,然后在地下室侧墙或底板处增设盲沟,通过泄水减压装置将地下水引入盲沟内,从而减小地下水对建筑物的浮力,达到抗浮作用	
122	装配式围挡基础施工工艺	
适用范围	适用于建筑施工围墙	
推荐理由	施工及不施工之间起分隔屏蔽作用,可以作为围蔽,还可以作为简易喷淋使用。可作为广告媒介平台。其特点是用途广泛、安装效率高、承载力大、抗风系数强、经济适用	示例图片
推荐工艺简要描述	在安装前或者施工时应先测量出围挡线位的地面高差,根据高差对围挡基础标高作分段划分,需整平的整平,没有条件的地段也应尽量保持较长的水平线,使用台阶调整地面高差。立柱应保证垂直度及直线度,事先按图纸使用经纬仪放出基准线,排尺标出立柱中心点,施工时先按每隔4根立柱或根据情况先施工几个控制柱,校核其高程及线位,无误后挂线施工中间柱。应待基础混凝土强度达到70%以上时再开始安装围挡横梁及围挡板面负重	

123	滑套立杆定位桩	
适用范围	适用于悬挑脚手架	
推荐理由	可重复使用,降低施工造价。无须焊接定位筋,使工序化繁为简	示例图片
推荐工艺简要描述	悬挑梁连接于墙体上,滑套滑动套设于悬挑梁上,滑套和定位杆下端均设置有螺栓孔。定位杆的下端抵接于悬挑梁上,并将滑套固定在所述悬挑梁上,悬挑脚手架立杆套设于定位杆并抵接在滑套上。滑套由悬挑梁的一端套入悬挑梁上,并滑动至指定位置,将定位杆的下端抵接到悬挑梁上,与滑套采用螺栓进行紧固连接,此时滑套固定在悬挑梁上,然后将悬挑脚手架立杆套在定位杆上,即完成悬挑脚手架的定位。拆除脚手架时,将定位杆由螺栓孔旋出,取下滑套即可	
124	墙柱模板 C 形钢背楞加固施工工艺	
适用范围	适用于建筑主体工程墙柱模板加固	
推荐理由	(1)相比常规木方背楞有更高的刚度。 (2)降低胀模跑模等风险,提高墙体成型后的平整度及垂直度。降低后期剔凿、修补费用。 (3)大大提高周转使用率	示例图片
推荐工艺简要描述	(1)墙体模板采用板块式,现场拼接。 (2)水平主龙骨采用矩形双钢管焊接成整体。 (3)洞口或直墙端头采用墙厚＋300mm 的横杆与水平次龙骨上焊接的固定件通过对拉螺栓连接,防止向外滑移。 (4)水平主龙骨上在阳角转角处焊接∟70×5 的穿孔角钢,用对拉螺栓斜拉固定,把两个方向的主龙骨连接成整体,同时利用三角原理,保证阳角不胀模。 (5)墙面两侧主龙骨用钢丝绳连接花篮螺栓,花篮螺栓挂住地面预埋锚环,用以调整墙体的垂直度	

125	C 形轻钢龙骨支撑体系施工工艺	
适用范围	适用于建筑主体工程剪力墙支撑体系	
推荐理由	(1)该工艺支模体系的强度、刚度、稳定性均优于传统工艺,具有利用率高、使用轻便、操作简便等优点。 (2)体系阴角使用一根横杆再叠加一根 L 形杆组成阴角加固体系,能保证剪力墙阴角成型方正,与墙体横杆搭配使用,连接快速、操作简单。 (3)阳角加固由锁销、C 形锁具、加固顶丝组成,采取一销一顶,能快速完成阳角加固,有效避免松动变形,能保证剪力墙阳角方正、无漏浆	示例图片
推荐工艺简要描述	采用 C 形轻钢龙骨、阴阳角成型配件及配套连接件组成的剪力墙支撑体系	

126	复杂空间不锈钢结构与有机玻璃(亚克力)帷幕体系	
适用范围	适用于大型艺术中心、会议展览、植物花园等造型新颖建筑的不锈钢空间结构及有机玻璃帷幕体系的建筑工程施工	
推荐理由	(1)通过该技术应用,节约了用材,缩短了工期,保证了工程质量和进度,取得了较好的经济效益,在某工程中节约成本 201 万元。 (2)能很好地控制超长有机玻璃帷幕面板本体聚合质量与后期变形,长期稳定地获取准确数据,确保工程质量及安全	示例图片
推荐工艺简要描述	该技术采用的不锈钢结构与有机玻璃(亚克力)帷幕体系构造及其施工工艺,采用整体三维建模、1∶1 三维仿真建模分解并预制构件、机械定位代替人工测量、格构柱结合盘扣式满堂支撑架方式、装配式施工等方法,解决了不锈钢结构与有机玻璃(亚克力)帷幕体系节点构造及工艺复杂,不锈钢制作及安装精度高,有机玻璃安装、本体聚合难度大等难题。不仅将复杂空间不锈钢结构与亚克力的高透光性结合在了一起,而且缩短了工期,保证了施工的安全顺利实施,工程质量良好	

127	复杂多曲面现代木结构屋面系统施工关键技术	
适用范围	适用于具有多曲面、大跨度、大悬挑等复杂造型的大型艺术中心、会议展览、植物花园等工程	
推荐理由	某项目位于城市精品展园区,通过钢、索、木的综合运用形成了多曲面、大跨度、大悬挑的复杂建筑造型,采用可再生的胶合木为主材,是国内规模最大、最复杂的现代胶合木结构,具有弧形钢梁跨度大、曲率变化复杂、精度要求高;曲面胶合木工艺复杂,制作、安装难度大;大跨拉索曲面造型找形难;屋面与墙板及吊顶构造复杂;双曲钢梁木饰面包覆难度大等难点。施工中,通过研发与攻关,形成了复杂多曲面现代木结构屋面系统的施工技术,并在工程中得到成功应用,取得了较好的经济和社会效益,为类似工程施工提供了借鉴	示例图片
推荐工艺简要描述	某工程施工采用 Tekla 三维建模和立体坐标系出图、分段整体放样胎架预制法、犀牛软件参数化设计、机器臂编程加工成套技术进行构件加工,实现了工厂数字化加工、现场装配化施工、液压千斤顶定量张拉、实时位移监测等;减少了材料损耗,缩短了安装工期,降低了安装费用,施工简便、无污染,工程质量良好,得到了社会一致好评	
128	多曲面双层斜交空间镂空网格结构施工技术	
适用范围	适用于多曲面双层斜交网格空间清水混凝土与异形双曲面铝合金网壳组合式结构	
推荐理由	通过该技术应用,近三年某公司合计新增产值 15792 万元,按照建筑业利润、税收比例,计算新增利润 1293.4 万元,新增税收 515.7 万元,取得了良好的经济效益	示例图片
推荐工艺简要描述	该技术以国内某复杂佛教建筑为载体,采用三维空间点阵定位放线技术、多曲面清水混凝土球壳结构模架体系施工技术、斜交网格双模夹衬体系施工技术、复杂异形变截面柱状体钢筋绑扎施工技术、异形变截面混凝土浇筑等施工技术,解决了多曲面双层斜交空间镂空网格复杂造型结构、装饰、艺术一体化,建造难度大,品质要求高的难题	

129	单侧支模技术	
适用范围	适用于地下室外墙支模	
推荐理由	如果在地下连续墙内留设锚杆，不仅施工烦琐、工作量大，更增加了耗件锚杆的材料用量，常常会出现跑模、爆模的现象。而且，成型后的混凝土表面需要再次处理，填补孔洞。采用满堂脚手架搭设支撑，周转材料投入很大，施工周期也不能满足进度要求。采用单侧支模技术进行地下室外墙施工，有效地解决了施工空间狭小的问题，提高了模板整体稳定性能，解决了跑模、漏浆等难题，保证了外墙的施工质量。此外，单侧支模技术为地下室施工缓解了工期压力，并有良好的经济效益	示例图片
推荐工艺简要描述	自稳式支撑是一种用底脚锚件就位受力的支撑体系，用于单侧模板支模，包括支撑架、操作平台、锚固件及支撑架间连接杆等。单侧支架是由主立面、上下横梁和斜面梁(为双槽钢)，中间横撑和斜撑(为单槽钢)，组合焊接制作成的一个三角形或梯形支架，它通过三角形的直角平面抵住模板。当混凝土接触到模板面板时，侧压力也作用于模板。模板受到向后的推力。而三角形架体平面在压制着模板，因架体下端直角部位有埋件系统固定使架体不能后移，也不能上浮，主要受力点是埋入底板混凝土呈45°角的地脚螺栓。此做法安全性高，不跑模，不胀模，安装简单，周转快	
130	大直径潜孔锤钻施工工艺	
适用范围	适用于所有的砂卵砾石层、漂石层等，适合全部基岩，适用孔径500～1200mm，桩长35m以下	
推荐理由	(1)绿色环保：无泥浆产生，无振动影响，施工噪声低。 (2)成桩质量：不存在缩径或扩径现象，入持力层深度容易保证，全护筒护壁，孔底沉渣有保障。 (3)施工效率：成桩容易，单桩成孔时间约1～1.5h，入硬度100MPa中风化岩约4～6m/h	示例图片
推荐工艺简要描述	可配置分离式双动力头，进行复合双回旋驱动，内侧钻杆与外侧护筒钻套可同时或分别进行同轴逆向旋转、同轴同向旋转。根据施工工艺要求，上动力头与下动力头可上下任意分离、相对运动	

131	吊模支撑辅助装置	
适用范围	适用于混凝土吊模施工	
推荐理由	工厂化制作,现场操作简单,解决了传统钢筋、混凝土垫块用于支撑稳定性不足的问题,提高了吊模混凝土的成型质量	示例图片
推荐工艺简要描述	根据支撑要求选择合适的支撑装置间距,通过钢钉将装置和底模连接固定,将吊模放置于装置上部连接固定,形成吊模支撑体系	
132	碳纤维加固施工工艺	
适用范围	适用于各类老旧建筑结构加固	
推荐理由	(1)补强材料薄、重量轻、强度高:碳纤维片材基本不增加原结构尺寸及自身重量。 (2)抗腐蚀:能有效地防护构件的混凝土和钢筋免受酸、碱、盐、水等介质的腐蚀,应用面广。 (3)耐久性能好,耐磨损、抗老化:碳纤维片与环氧树脂胶结材料本身及经其补强的混凝土构件可以长期承受紫外线辐射。 (4)保持结构原状,外形美观:碳纤维片材便于随构件原形裁剪、贴附。修复补强不增加构件高宽尺寸及体积,且表面可以涂刷、粘贴饰面材料、防火材料。 (5)施工简便、快捷:传统加固补强施工工艺如粘钢、外包混凝土法必须进行大量的混凝土剔凿、钢筋绑扎,碳纤维加固施工工艺则更为简便、快捷	示例图片
推荐工艺简要描述	碳纤维加固是以环氧树脂作为胶结材料,将碳纤维片材(抗拉强度极高的碳纤维丝在高温下"拉拔"成型,单向排列成束,并经环氧树脂胶预浸而成的碳纤维增强复合片材)沿受力方向或垂直于裂缝方向粘贴在受损结构上。胶结材料作为它们之间的剪力连接媒介,形成新的复合体,使增强贴片与原有钢筋共同作用,增大了结构抗拉或抗剪能力,并能有效地提高结构的强度、延性及抗裂性,控制裂缝和挠度的继续发展,从而起到加固补强的作用,保证与原结构形成整体,共同工作	

3.2 设备类

推荐使用的设备清单

1	智能预警螺母	
适用范围	适用于存在螺母松动隐患的各种设施设备,如塔式起重机、施工电梯等	
推荐理由	可将螺母松动这种隐蔽的安全隐患实现可视化,大大提高设备运行安全系数	示例图片
推荐设备简要描述	智能预警螺母是为了消除高强度螺母松动所带来的安全隐患而产生的实用新型产品,将智能预警螺母装在高强度螺母后面,当高强度螺母松动退丝时触动压力传感器,即发出报警提示光	
2	ALC板墙安装机器人	
适用范围	适用于4.5m以下ALC条板安装施工	
推荐理由	通过手持遥控终端,实现板墙自动抓取、旋转以及精准就位,降低人工操作的工作强度,提高板墙安装作业的安全性	示例图片
推荐设备简要描述	ALC板墙安装机器人具有容易操作、经济高效、功能齐全等优点,解决人工或重型机械施工不便的问题。传统人工方式安装需要人工数4~6人,每天安装板墙约48个。机器人安装需要人工数2~3人,每天安装板墙数量约52个。通过数据对比发现,相较于传统人工方式机器人节约了人力、物力及财力。结合机器人对项目施工安全系数的提升,对项目施工进度及公司良好的社会影响均可产生较好的促进作用	

3	管道巡检机器人	
适用范围	适用于 300～800mm 管径的市政管道,新建管道内壁表面的裂缝以及缺陷检测	
推荐理由	装备采用小型化、轻量化设计思路,通过手持遥控终端,实现机器人搭载高清摄像头在管道的移动巡检,节省人工下井的人工投入,并且适用狭窄空间的管道无人巡检,为管道修复提供依据	示例图片
推荐设备简要描述	系统由行走机构、盘线器、中控终端三大部件组成。其中,行走机构按照 IP65 的防护等级设计,涉水深度达 300mm,搭载前后两路高清摄像头,通过云台控制前置摄像头,实现镜头 360°旋转,90°俯仰运动,实现管道无死角监测,具有手动调焦、自动对焦等功能;中控终端采用工控机结合遥控手柄设计,用于行走机构的控制,实时视频的采集、存储,便于分析管道内壁损伤情况,整体尺寸为 795mm×264mm×340mm,适用于 300mm 以上的市政管道巡检作业	
4	自行走智能测量机器人	
适用范围	适用于分户验收阶段的房屋检测,以及其他情况下的测量工作	
推荐理由	可将螺母松动这种隐蔽的安全隐患实现可视化,大大提高设备运行的安全系数	示例图片
推荐设备简要描述	自行走智能测量机器人是一款具有自主导航能力的测量机器人,使用机器人进行自动测量工作,可有效地提高测量精度与工作效率,减少测量人员的工作量以及过多的人工支出,达到降低成本、减少工期的目的	

5	"砼智维"集成式智能试验室	
适用范围	适用于各项目混凝土试块制作与养护	
推荐理由	一款集混凝土试块标准化制作、检测和养护于一体的智能化设备,可通过一键控制实现自动化作业,产出试块完整度高达99%,为建筑施工现场混凝土检测提供精确样本	示例图片
推荐设备简要描述	一座混凝土试块的全自动加工厂,共由18个子系统组成,包含混凝土料收集、试块制作、试块养护、试块出库、足天试压五大功能,整个制作和养护过程均由智能设备自动完成,在解放人力、提高效率、保障质量等方面具有显著优势	

6	"砼智维"混凝土全生命周期管控智能测量设备	
适用范围	适用于混凝土振捣、强度检测、温度检测、坍落度检测阶段	
推荐理由	混凝土智能回弹仪:高质量机械回弹、高精度光耦读值、自动计算存储。 智能混凝土振动台:台面夹具可实现快装快卸;夹持多种试模规格;三种控制模式,一键选择。 入模温度检测仪:高精度测温,开机即测。 混凝土坍落度检测设备:高精度激光测高、一键测量数据、数据显示、数据存储	示例图片
推荐设备简要描述	混凝土全生命周期管控智能测量装备,可有效跟踪混凝土应用情况,提高混凝土浇筑质量、作业效率和安全性;可通过混凝土智能回弹仪、入模温度检测仪、智能混凝土振动台、混凝土坍落度检测设备等智慧手段采集混凝土信息,操作简便自然,更加智能化和人性化,可极大地改善现有试验员的信息采集方式,减轻操作人员的工作压力,提高工作效率,具有很好的社会和经济效益	

7	开槽机器人	
适用范围	适用于二次结构开槽配管	
推荐理由	(1)开槽机器人自带降尘功能,改善工人工作环境,避免工人在作业过程中吸入粉尘。 (2)开槽效果佳,画线、定位后,开槽机器人一次成型,线槽美观、顺直。 (3)减少脚手架等登高架体的使用,降低登高作业风险。 (4)在操作人员熟练掌握开槽机器人的使用后,相对传统工艺可提高工效	示例图片
推荐设备简要描述	定位放线完成后,即可使用开槽机器人开槽。根据实际对比情况分析,在不考虑开槽机器人出现机械故障的情况下,其工效更高;且完成相同工程量的成本降低 50%左右	
8	水下测量无人船	
适用范围	适用于浅水测量、内河航道、水库、码头等水域测量工作,也可应用于航道清淤、安全搜救、应急测绘等领域	
推荐理由	此设备高效安全地完成了海洋深水区斜坡堤,大大缩短了防波堤的施工工期,保证了施工质量,增强了防波堤的抗风浪能力,保证了施工前防波堤结构的安全稳定,带来了良好的经济效益	示例图片
推荐设备简要描述	无人船在水下测量时一般是通过 GPS 或者声呐实现测量,测量原理主要是声音传播原理。无人船先发出声波,之后无人船收集已经传输出去的声波,最后根据发射回收时间通过无数次的测量进而测算出水下地形的具体情况	

9	无人装载机及其环境系统	
适用范围	适用于混凝土拌合站、物料仓中砂石等原材料智能装载运输等	
推荐理由	(1)无人装载机配备了多角度感知模块,全方位监控作业环境,具有障碍物检测、碰撞预警、倾覆监测等安全模块,通过高精度采集点感知技术,实现了对全域 10m 内障碍物与行人进行检测,为作业安全提供全方位保障。 (2)无人装载机的成功研发,使拌合站料仓实现了无人化作业,减人率可达 75%;无人装载机能够 24h 连续不断作业,大幅提升拌合站的保供能力,可降低拌合站管理费 20%以上	示例图片
推荐设备简要描述	(1)无人装载机搭载高精度定位导航系统,可自动执行行进、加减速、铲卸料等动作,采用视觉感知模块和实时高精度 AI 算法,实现对料仓和料斗中物料的实时检测及对作业过程的全息管控。 (2)智能管理系统利用先进的智能感知和 AI 算法技术,实现了精确自动化控制和智能化决策;利用大数据平台的综合数据分析,自主为站内装载机分发任务并智能规划作业路径	
10	高速公路防撞护栏安装装置	
适用范围	适用于高速公路防撞护栏安装施工	
推荐理由	该装置可实现防撞护栏半自动化施工,保证了护栏安装的安全性,操作简便,并可高效率对护栏进行安装施工,大大节省人力物力	示例图片 正视图
推荐设备简要描述	该装置由人工操作机械完成对护栏吊装、运输、安装的全过程。该装置整体由钢结构组成,通过液压系统与钢结构组合,对整体进行调节,实现对护栏运输及安装,使用时只需工人简单地操作机器即可。此装置可实现半自动化,保证了护栏安装的安全性,操作简便	

11	混凝土抗压全自动智能检测机器人	
适用范围	适用于需要进行混凝土抗压试验的现场试验室	
推荐理由	(1)避免人工试验过程中存在不规范的检测操作,导致检测结果出现偏颇,使得检测报告失去应有的效力。 (2)减少混凝土试块抗压检测时,碎渣引起的工作环境污染。 (3)可自动采集试验数据生成原始记录和曲线,并通过视频监控留存每一块试件检测过程的影像资料,可随时查看调阅,一方面可以及时发现工程混凝土质量隐患,另一方面为检测过程的溯源提供有效的数据支持	示例图片
推荐设备简要描述	采用自动化上料系统替代传统的人工搬运、放置试件操作,待压力机完成试验后再拿出试件。配套二维码打印设备,自动打印出具备三防性能的二维码贴纸,由检测人员直接张贴至混凝土试块上,对试件信息进行标识。系统识别后会根据试件的强度等级,按照相关标准规范要求自动切换试验速率、自动加荷并完成检验。自动采集试件压力数值,并上传至混凝土抗压全自动智能检测系统中。试验采集全过程无人为干预,依据标准规范及地方性管理要求进行自动采集、自动判定	
12	焊接机器人	
适用范围	适用于需要进行大量标准化构件焊接的钢筋加工工程	
推荐理由	(1)只要保障工作做好,焊接机器人工作时间长的优势极为明显。 (2)设定好程序之后,焊接机器人焊接质量基本一致,能保证焊接质量稳定、强度高、外观平整又饱满,满足相关规范要求。 (3)焊接机器人的焊接速度是人工的 6.3 倍,焊接速度快	示例图片
推荐设备简要描述	焊接机器人可按照设定程序不间断地进行钢筋焊接作业	

13	钢筋骨架定位装置	
适用范围	适用于预制墩柱的水平向钢筋绑扎时的主筋安装	
推荐理由	可提高墩柱主筋的钢筋定位精度及钢筋绑扎的安全性,大大提高墩柱预制的安全性及施工效率	示例图片
推荐设备简要描述	钢筋骨架定位装置是为了消除主筋过重可能脱落带来的安全隐患及质量隐患而产生的发明专利产品。该设备由滚动轮、滚动轴、与墩柱尺寸相匹配的门式定位卡具、定位槽组成,固定于墩柱钢筋笼胎架的立式支架上,墩柱主筋放置于滚动轮上实现主筋定位及固定	

14	智能施工升降机	
适用范围	适用于高层建筑工程人员、货物垂直运输	
推荐理由	可大大提高设备运行安全系数	示例图片
推荐设备简要描述	智能施工升降机综合了智能安全升降机监测系统、人员数量智能识别防超载系统、操作人员智能识别认证启动系统、无线式滑动接触供电系统和远程故障传输系统的优点。可伸缩式出料门翻板可节约升降机笼内空间和提升试验效率;进料门自动锁闭系统可防止梯笼在高空中运行过程中等候区门口人员误操作造成电梯紧急故障停机	

第三代25m² 滑触线　第二代35m² 滑触线

15	管廊分体式早拆轻便 PC 模板台车		
适用范围	适用于标准结构断面的现浇钢筋混凝土闭合框架结构及地下综合管廊工程等线性混凝土结构		
推荐理由	模板台车体系质量轻,可降低工人劳动强度,实现快拆,减少单次浇筑材料的使用周期及模板散拼的循环时间,加快施工进度,有力避免了混凝土的质量缺陷,观感质量良好	示例图片	
推荐设备简要描述	一种集轻质、机动、早拆、快速等功能于一身的模板台车,在地下综合管廊工程行业中应用,移动模块化无配重底座装置在单幅台车偏载情况下仍能完成升降及行走功能,大幅降低台车整体重量,实现了城市管廊结构快速建造,比传统木模板施工方法效率更高		
16	可移动整体式自行走防雨棚		
适用范围	适用于铁路、公路箱梁预制工程		
推荐理由	可移动整体式自行走防雨棚由伸缩架、万向轮、桁架梁、伸缩立柱、活动脚轮、棚布、电动推拉棚防风装置、无线遥控器以及驱动器等组成。半成品运至现场后只需要进行半成品组装,施工方便,周期短。防雨棚驱动轮直接跟地面接触,同时可用于绑扎胎具处遮雨施工。防雨棚安装对称自行走电机,相比以前须用门式起重机移动的防雨棚有灵活的机动性,节省门式起重机的同时也可节省人工,在雨期施工中机动性大大加强,有效缩短工期并保证实体质量	示例图片	
推荐设备简要描述	此防雨棚通过轮胎和柴油发电机组进行移动,不占用门式起重机。防雨棚可用于多项工作内容,雨天浇筑箱梁混凝土时,因防雨棚高度设计比布料机高,所以不会影响布料机使用;雨天在室外绑扎胎具时,可将移动防雨棚移至胎具上方再施工;夏季露天高温情况下也可用来遮阴。虽然防雨棚占地面积较大,但可以存放在内模存放区,不会影响内模的存放和使用。移动防雨棚自带动力系统,需使用时无须占用门式起重机,能让门式起重机把更多的精力用于别处作业		

17	基坑泥水分离固化一体化绿碳装备	
适用范围	适用于基坑泥水处理,固废再利用	
推荐理由	解决基坑泥水处理问题,并实现资源化再利用	示例图片
推荐设备简要描述	基坑泥水分离固化一体化绿碳装备,是将基坑泥水泵送到微滤沉淀机,通过絮凝反应和过滤将泥水分离成清水和泥含量更高的泥水。清水可直接排入市政管道,而泥含量更高的泥水,一部分通过压滤机压滤成泥饼,另一部分则通过固化制砖机进行二次泥水分离形成黏稠泥浆,固化处理后制成强度超过7.5MPa的砖制品。该技术不仅可降低外运成本,还可实现资源再利用	

18	行走式塔式起重机	
适用范围	适用于场地受限项目的施工材料平面运输,提升了效率	
推荐理由	实现了塔式起重机在水平方向的灵活移动,提升了物资水平运输的覆盖范围,助力解决大跨度结构平面运输效率较低的难题	示例图片
推荐设备简要描述	行走式塔式起重机通过支承大臂和轨道梁取消塔式起重机基础,以大臂四脚的反力偶克服塔式起重机倾覆力矩,通过在支承大臂下方设置移动滑轮和轨道梁,实现了塔式起重机整体的水平移动。行走式塔式起重机可以实现施工平面位置的灵活移动,增大塔式起重机作业半径,适用于大跨度结构的平面运输。在已有行走式塔式起重机的基础上,引入多轮轴越障机制和自动化减振控制系统,可保障行走式塔式起重机的施工安全性并提升塔式起重机水平施工的作业范围	

19	BIM平台碳排放计算与优化系统		
适用范围	适用于项目碳排放计算		
推荐理由	目前,行业缺少基于建筑信息模型(BIM)的"一键式"物化阶段碳排放计算与优化系统,该系统可实现此功能	示例图片	
推荐设备简要描述	该系统可在BIM平台中实现建筑物化阶段的碳排放计算与优化,主要功能包括碳排放分析前处理、建材碳排放因子数据库维护、工程消耗量统计、物化阶段碳排放计算、降碳方案策划、碳排放结果展示等,助力项目进行精细化碳排放管控,并可与前期规划设计与后期运维阶段进行对接,实现全过程协同碳排放管理		
20	装配式高桩钢承台塔式起重机基础		
适用范围	适用于软土地区塔式起重机基础平面位置布置在深基坑范围内的塔式起重机基础施工、工期紧张且基坑土方开挖前需要塔式起重机提前安装使用的工况		
推荐理由	(1)工厂定制加工,现场进行拼装、拆卸。 (2)通用性强、强度大、定位精度高、安全性能高。 (3)可周转使用,项目使用及摊销成本低。 (4)方便快捷,不受混凝土龄期影响,可直接进行塔式起重机安装,节约工期。 (5)绿色环保,减少建筑垃圾	示例图片	
推荐设备简要描述	装配式高桩钢承台塔式起重机基础采用Q355B高强钢材,工厂加工制作,钢管柱采用标准模数组合+法兰连接,水平拉杆、斜拉杆采用抱箍+栓接的方式,高度、间距可调节,适用于额定起重力矩1250~6000kN·m范围内不同型号的塔式起重机,自重轻、强度大、适应性较强,整体可周转使用		

113

21	混凝土覆膜机器人
适用范围	适用于稀释混凝土、沥青、地板路面覆膜及养护施工

推荐理由	(1)适用于稀释混凝土、沥青、地板路面。 (2)能够识别路面干湿环境,做到图像采集、自动洒水、覆膜	示 例 图 片	
推荐设备 简要描述	混凝土覆膜机器人主要由运动底盘、洒水系统、覆膜系统、摄像头、激光测距仪、照明灯、振平电机等组成。其动力传输由2个高性能电机经减速机驱动履带行走。可通过遥控装置将指令发送到机器人端从而操控机器,在保证动力来源供给正常的情况下,可以持续工作,完成混凝土浇筑后自动覆膜,以及自动洒水养护等工作内容		

22	钢筋切割锯床
适用范围	适用于大批量锯割碳素结构钢、低合金钢、高合金钢、特殊合金钢和不锈钢、耐酸钢等各种金属材料

推荐理由	(1)切割速度快,断面质量平整,减少端头打磨工序,提高直螺纹等加工质量。 (2)光标定位,便于设定锯切尺寸。 (3)液压张紧锯条,操作方便,提高工作效率。 (4)安全系数高,锯切完成时自动停机,上升锯架;断裂时自动停机	示 例 图 片	
推荐设备 简要描述	通过液压半自动控制方式将整件钢筋直接进行切断,大大提高钢筋加工效率,具有锯口窄、省料、节能、锯削精度高、操作方便、生产效率高等优点		

23	可周转的悬挑式钢模配套操作平台	
适用范围	适用于城市轻轨、市政桥梁、公路桥梁翼缘板施工	
推荐理由	(1)耗时短。平台安拆方便,不必搭设操作外架,安装消耗时间短。 (2)安全性高。平台可在地面上组装,采用焊接工艺和螺栓连接,更加牢固可靠,安全性高。 (3)流动周转性强。通过预留连接板,可以与各种形式的钢模牢固连接,无差别周转,大大节约了平台加工材料。 (4)加工方便。平台加工用到的 10 号槽钢、方钢管、ϕ48mm 钢管、M30 螺栓等均为市场常见材料	示例图片
推荐设备简要描述	采用该平台,不必搭设操作外架,施工周期短,且护栏立柱已提前焊接在平台上。平台在钢模吊装前已连接完成,后续仅需铺设脚手板,安装护栏水平杆,进一步节约平台搭设时间;通过在钢侧模上预埋连接板,实现了平台在不同形式的钢侧模之间无差别周转,大大节约了平台加工材料;避免了操作外架搭设危险性高、固定不牢固、搭设质量难以保证的问题,施工更加安全、便捷	
24	预应力锚杆张拉配套设备	
适用范围	适用于达到张拉条件后,采用穿心千斤顶张拉以及管钳紧固螺栓的预应力抗浮锚杆	
推荐理由	此类型支架对预应力抗浮锚杆预应力的施加效果显著	示例图片
推荐设备简要描述	自制预应力抗浮锚杆张拉与紧固配套支架,穿心千斤顶对预应力锚杆的张拉需借助该支架进行传递受力,在千斤顶达到图纸要求的锁定值后,利用支架的空隙将管钳插入,配合钢管增大扭矩,将螺栓牢牢地紧固在混凝土面层上,达到对锚杆施加预应力的效果	

25	砂浆枪	
适用范围	适用于所有外墙螺杆洞封堵	
推荐理由	传统外墙螺杆洞填补方式为人工手动塞实,密实度及深度均无法有效保证,采用专用砂浆枪注浆可有效确保螺杆洞封闭深度、封闭质量	示例图片
推荐设备简要描述	对砂浆枪采用手动或气动方式,通过加压将填缝砂浆注入螺杆洞内	

26	分体式隧道模板台车	
适用范围	适用于地下暗挖隧道二次衬砌施工	
推荐理由	(1)整体大钢模,附着振动器+振动棒,混凝土实体及外观质量优。 (2)机械化施工,除安拆风险高外,正常施工阶段风险较低。 (3)适用于地质条件受限,临时支撑拆除困难(杂填土、地下水位高等),及受冬季治污减霾影响,临时支撑无法拆除外运等情形	示例图片
推荐设备简要描述	分体式隧道模板台车由两部分组成,分别为侧墙模板台车系统及顶模台车系统。 侧墙模板台车系统由行走轨道、台车门架总成、行走梁系统、支撑系统、弧形钢模板、电机驱动系统组成。顶模台车系统充分利用临时结构中层板进行支撑,设计小型台车系统,临时结构中层板底部采用承插型盘扣式支架进行支撑,将台车行走梁受力转换至地面	

27	骑墙式吊篮	
适用范围	适用于有花架梁、超高混凝土女儿墙的项目	
推荐理由	骑墙式吊篮配重无须固定于屋面,避免与屋面工程形成穿插影响	示例图片
推荐设备简要描述	(1)前支腿固定于花架梁或女儿墙顶,用锚栓固定牢固。 (2)配重端钢丝绳固定于混凝土女儿墙上,采用锚板固定牢靠	
28	降水气动水泵系统	
适用范围	适用于基坑降水工程	
推荐理由	(1)利用降水气动水泵代替潜水泵抽水,水泵不容易损坏,且不用担心设备空转,降低能耗。 (2)利用控制柜控制降水气动水泵,使水泵抽水过程更加精准。此外,设置真空发生器将井内抽成真空,可提高抽水效率	示例图片
推荐设备简要描述	包括水泵、控制柜、空压机。水泵为降水气动水泵,包括容器和传感器	

29	腻子喷涂机	
适用范围	适用于装饰装修工程墙面、顶棚等部位腻子施工	
推荐理由	操作简单,喷涂速度快,喷涂均匀,节约材料	示例图片
推荐设备简要描述	腻子喷涂机是搅拌、泵送、喷涂腻子粉的小型机械;是通过给腻子施加高压,经由喷嘴释放压力,使得腻子雾化成细小的颗粒,来覆盖表面基层的一种新型喷涂设备	

30	直螺纹钢筋套筒快速连接电动扳手	
适用范围	适用于钢筋直螺纹套筒接头原位连接等	
推荐理由	实现钢筋现场机械连接机械化施工的一种工具	示例图片
推荐设备简要描述	机械化安装,减少了人力操作,提高了劳动效率,降低了施工成本;同时,可通过扭矩调节器控制扭矩的大小,使套筒连接质量得到保障	

31	一体化微滤沉淀净水机	
适用范围	适用于地下室土方开挖阶段	
推荐理由	基坑黄泥水通过泥水分离固化制砖装备回收利用,采用固化制砖装备制作成满足强度要求的砖制品,可用作挡水板、砖胎膜、水泥盖板等,本技术可以降低外运成本,减少资源浪费	示例图片
推荐设备简要描述	该技术是将泥水泵送到"一体化微滤沉淀净水机",通过絮凝反应和微滤机过滤将泥水分离成清水和泥含量更高的泥水,清水可直接排入市政管道,而泥含量更高的泥水,则一部分通过"压滤机"挤压过滤,生成固态状"泥饼",方便外运;另一部分则通过二次泥水分离形成含水率更低的泥浆,利用固化剂能使泥浆转化为胶结强度较大的固化体	

32	钢柱调资设备	
适用范围	适用于高层及以上建筑的外框柱体等	
推荐理由	传统工艺需在钢柱上额外焊接临时耳板,用于千斤顶安装。千斤顶为人工操作,校正过程中需实时测量钢柱偏差数据,且校正完成后,仍需割除临时耳板。工艺操作烦琐,费时费力且校正效率低下、校正精度不高。本装置通过精密的数字化控制技术,实现巨型钢柱垂直度的高精度控制,精度可达 0.1mm,有效解决了项目高质量建造的关键技术问题,促成了钢构项目高效建造,发挥了绿色施工成效	示例图片
推荐设备简要描述	采用集成传动装置,包括集成控制柜、传动机构、动力模块、防倾构造、连接板,达到全系统高精度自动校正作业	

33	智能自攀爬塔式起重机	
适用范围	适用于超高层项目	
推荐理由	该装备革新了附着方式,免倒梁施工,免预留预埋,免高空螺栓紧固作业,免高空焊接切割,将传统爬升工艺所需占用塔式起重机的时间由 2～3d 减少至 3～6h,节约人力、工时。较常规做法,节省了加固钢筋,并节约了高空作业措施费,实现了节材效果	示例图片
推荐设备简要描述	智能自攀爬塔式起重机能解决内爬塔式起重机倒梁施工、预埋加固、安装焊接存在的"施工难、耗时久、风险大、成本高"的问题,由三道支撑梁系统、提升装置和顶升装置构成。塔式起重机通过支撑梁主梁伸缩装置支撑在核心筒自有洞口上(4 个竖向支撑点/1 道支撑梁),通过支撑梁矩形框架四角的伸缩装置支撑到核心筒壁(8 个水平支撑点/1 道支撑梁)	
34	施工电梯上外爬模顶平台	
适用范围	适用于超高层项目	
推荐理由	较传统超高层施工工艺,作业人员及管理人员可直接从地面直达作业面,减少了从施工楼层穿梭带来的系列安全问题,同时作业面应急及消防工作得到了极大保障,安全管理工作也得以更加有力地开展	示例图片
推荐设备简要描述	为实现施工电梯直通爬模顶平台,提升电梯使用效率,施工电梯设计了电梯上爬模系统(共设置 3 道滚动附墙,并通过片式标准节与施工电梯标准节连接),在梯笼新增一个侧门,实现施工电梯从侧面进出爬模	

35	AI 自动喷淋养护系统	
适用范围	适用于高层及以上项目	
推荐理由	相比传统的人工养护方式,能有效地提升养护效率、养护质量,节约用水、用工。同时,解决工人不定时到作业层进行浇水养护带来的无人看管作业、高坠等系列安全问题	示例图片
推荐设备简要描述	塔楼核心筒混凝土外墙采用自动喷淋养护技术,喷淋系统及设备附着于爬模之上。通过 AI 摄像头连接智能控制系统,可实现对混凝土表面干湿状态进行自动识别,自动控制开关,自动调节喷淋水压	
36	抽屉式卸料平台	
适用范围	适用于较大构件上楼	
推荐理由	相较于传统卸料平台,抽屉式卸料平台可移动(类似于抽屉工作原理),解决较长构件人工无法搬运上楼的材料进入楼层施工问题,施工方便,无须预埋 U 形环,避免渗漏风险	示例图片
推荐设备简要描述	(1)抽屉式卸料平台安装拆卸为专项专用,使用者移位即可。 (2)抽屉式卸料平台无须斜拉绳。 (3)解决传统式卸料平台尺寸荷载不满足建筑材料吊装运输难题。 (4)减轻室内外施工电梯运输空间小带来的不方便	

37	隧道钢架连接钢板加工设备	
适用范围	适用于各种钢、铁、铜、铝板、成型钢、槽钢、工字钢、三角铁等的打孔、剪切作业及模剪	
推荐理由	隧道内初期支护中型钢钢架和格栅钢架均须采用连接钢板、螺栓与螺母有效连接,形成一个整体。连接钢板开孔的质量直接影响着钢架施工质量。 格栅钢架连接钢板采用不等边角钢制作,型钢钢架连接钢板为厚度14cm的钢板。连接钢板采用联合冲剪机进行冲孔,冲剪机采用液压传动,配有重载工作台,机器无须进行任何水平调试,摆放就位后即可使用	示例图片
推荐设备简要描述	采用联合冲剪机冲孔,采用精密刻度仪控制冲孔位置,在隧道钢拱架连接钢板冲孔中确保钢板连接螺栓孔位对应无偏差,孔位均匀一致,避免现场钢架架立施工时出现孔位不对应、孔位大小不一,而无法上紧螺栓的现象	

38	两轮手扶轻便型激光整平机	
适用范围	适用于厂房地坪、地下室地坪、园区一般道路等	
推荐理由	两轮手扶轻便型激光整平机操作简单,施工效率高,可结合激光自动找平装置实现较为精准的找平。它与传统的设置标高控制点、控制桩和振动棒振捣的地坪振捣和标高控制方式相比,能更好地控制地坪的平整度和密实度质量,且施工效率更高	示例图片
推荐设备简要描述	两轮手扶轻便型激光整平机是一种高效的自动找平设备。主要由激光测控系统和整平板构成,激光测控系统自动控制标高,整平板采用一体化设计,可以一次性完成混凝土的找平、整平、振捣压实等多道工序,减少了施工工序和人工材料投入,并大大提高了混凝土地坪的施工效率	

39	带安全支腿的门式脚手架	
适用范围	适用于各类需要门式脚手架作为工作平台的作业	
推荐理由	带安全支腿的门式脚手架可提高门式脚手架的稳定性,大大提高门式脚手架上的施工人员的安全系数	示例图片
		普通门式脚手架
推荐设备简要描述	带安全支腿的门式脚手架是为了降低普通门式脚手架失稳倾倒所带来的安全隐患而产生的实用新型产品。在普通门式脚手架的四个支腿上另外安装四个安全支腿,作业人员作业前将四个安全支腿打开支撑于地面,扩大脚手架地面支撑点宽度,从而提高脚手架的稳定性,降低脚手架的倾倒风险	带安全支腿的门式脚手架
40	挖机雾炮一体机	
适用范围	适用于需要进行挖机作业同时扬尘治理的作业,例如土方开发作业等	
推荐理由	可以实现开挖与扬尘治理并举,高效提升扬尘管控,达到绿色施工、文明施工的目的	示例图片
推荐设备简要描述	挖机雾炮一体机,可以实现开挖与扬尘治理并举,高效提升扬尘管控,实现绿色施工、文明施工。同时,可以有效地提升现场机器占用场地的整洁度,治理措施较为综合,有针对性,可以达到精准治理扬尘的目的	

41	微型混凝土输送泵	
适用范围	应用微型混凝土输送泵代替原先的人工浇筑二次结构构造柱和过梁	
推荐理由	(1)相较于人工运输混凝土,微型混凝土输送泵能够有效提高浇筑速度,避免混凝土因等待时间过长导致坍落度损失严重,难以浇筑、振捣的情况。 (2)微型泵现场施工用电方便,减少了混凝土运输的距离,不会有多余混凝土外溅,有利于现场文明施工	示例图片
推荐设备简要描述	(1)利用微型混凝土输送泵浇筑混凝土,连续性好,输送效率高,移动方便,机械化操作,缩短施工工期。 (2)在大型泵无法施工时,微型泵能够代替大型泵施工,根据型号不同,市面微型泵价格从10000~50000元不等,但可节约50%的劳动成本,易保养,后期维护费用低	
42	瓷砖振动器	
适用范围	适用于瓷砖铺设阶段	
推荐理由	减少瓷砖的空鼓率,提高工效,减少返工	示例图片
推荐设备简要描述	(1)由于瓷砖与基层胶粘剂结合不均匀,使用传统的橡皮锤很难快速地将气泡排出,从而产生空鼓等质量问题。 (2)通过瓷砖振动器可以使气泡快速排出,使得基面和砖体背面粘结均匀,提高粘结强度和作业效率	

43	基坑变形自动化监测系统		
适用范围	适用于紧邻地铁、敏感建筑等周边环境控制要求严格的深基坑工程		
推荐理由	本系统不仅保证了基坑安全,并且节省了施工作业时间,起到缩短工期、缩减成本的效果	示例图片	
推荐设备简要描述	基坑变形自动化监测系统选择质量可靠的传感器、数据采集模块以及采集处理系统:涉及墙体深层水平位移时采用倾角传感器,支撑轴力监测时采用埋入式应变计、表面应变计;数据采集模块主要分为多通道(MCU32、MCU16)及单点采集模块进行自动化数据采集;自动化数据采集系统由传感器、分布式模块化自动采集单元、通信模块(GPRS)、计算机、数据采集分析软件组成		
44	幕墙安装机械手臂		
适用范围	适用于大型玻璃的搬运、安装		
推荐理由	玻璃升降更加稳定,对于安装精确度提高效果显著,安装速度快,能大幅度减少安装工期	示例图片	
推荐设备简要描述	玻璃幕墙面板采用机器人手臂进行安装,每个吸盘都配有单独的控制阀,可分别设置不同起重量,能吸取各种不同形状尺寸的玻璃,更加高效、快捷、稳定		

45	探地雷达地下管线探测	
适用范围	适用于室外平坦土地管线探测	
推荐理由	随着城市化进程的加快,地下铺设的管线逐渐增多,但是地下空间有限,从而导致多种管线密集并行,交叉甚至重叠分布,管线探测难度增加。在市政工程施工过程中,为了查明地下管线的位置,需要对地下管线进行探测。不同的物性差异决定了不同的探测方法。探地雷达是先进的无损探测手段,具有明显的优越性。现代城市发展迅速,要求各种基础设施同步快速发展,管线建设就包含在其中,应准确定位地下管线,保障施工和城市建设平稳发展,避免在室外市政施工过程中破坏已有管线,造成不必要的经济损失及舆论压力	示例图片
推荐设备简要描述	运用探地雷达对地下管线进行探测和分析,可以先对已知管线进行探测。通过已知管线的探测结果与开挖后的实际管线位置进行对比,优化相关探测参数以提高管线探测精度和描述的准确度。统计分析总结出相应探地环境的经验参数,用于指导同类探地的地下管线探测	
46	预应力智能压浆机	
适用范围	适用于桥梁工程预应力的施工	
推荐理由	压浆前在出浆口采用真空泵抽吸预应力孔道中的空气,使孔道内保持-0.06～-0.1MPa的真空度,然后从孔道的另一端采用压浆泵将水泥浆压入孔道中。真空辅助压浆可以消除普通压浆法引起的气泡,同时减小孔道上下弯曲而使浆体自身产生的压头差,从而大大提高管道内浆液的充盈度和密实度,取得良好的压浆效果	示例图片
推荐设备简要描述	通过真空辅助压浆施工数字化控制,能够保证控制压浆时长及压浆饱满度,提高管道内浆液的充盈度和密实度,施工质量好、效率高	

47	数控钢筋加工机械	
适用范围	适用于建筑施工过程中的钢筋加工	
推荐理由	(1)数控钢筋加工设备采用人机亲和度较高的智能数控系统,对所需的钢筋按预先设定好的程序进行加工。数控钢筋加工工艺精度高,充分保证了钢筋的定尺、调直、切断、弯箍精度,具备一次弯制合格率较高的特点。 (2)能源消耗将大幅度降低,相应的设备、流程布局合理,实现了省时、省力、省料、省地,极具推广应用价值。 (3)减少劳动力投入,从而节约人力成本	示例图片
推荐设备简要描述	采用全自动数控钢筋弯箍机代替传统手工半机械化生产方式	
48	电动钢筋绑扎机	
适用范围	适用于主体结构施工过程中的钢筋绑扎施工	
推荐理由	传统钢筋绑扎采用手工作业,效率低、劳动强度大,长时间的机械动作容易造成工人手腕受伤,而且钢筋交叉绑扎不牢固,易松脱。使用电动钢筋绑扎机,可提高施工现场钢筋绑扎的施工效率及安全性,极大地降低工人手腕受伤的几率	示例图片
推荐设备简要描述	便携式电动钢筋绑扎机采用锂充电池,充满电可用数小时,自动输送、绑扎、剪切扎丝,使得钢筋快速绑扎并紧固牢靠,绑扎效率高,使用方便	

49	新型工具式塔式起重机定型化通道施工设备	
适用范围	适用于塔式起重机与主体结构之间的连接通道	
推荐理由	(1)不穿墙安装,不损坏混凝土墙、梁、板等结构;杜绝外墙渗水漏水,保证主体施工质量。 (2)传统起重机通道采用钢管架搭设,周转不灵活,需多次搭设,且因高空悬空作业,危险性极高。采用塔式起重机定型化通道,既减少了因搭设安全通道过程中造成的工期损失,又极大地避免了高空坠落的发生,极大地提高了使用效率及降低了安全隐患	示例图片
推荐设备简要描述	新型工具式塔式起重机定型化通道一端固定在塔式起重机标准节上,一端固定在主体结构梁上,两端均有防滑防脱落构件,保证通道使用安全性	
50	砂浆输送泵	
适用范围	适用于高层建筑砂浆、细石混凝土等混合物的水平运输及垂直运输工作	
推荐理由	可将高层建筑施工所用的砂浆及细石混凝土等混合物材料通过砂浆输送泵运输至所需要的楼层	示例图片
推荐设备简要描述	砂浆输送泵是一种能够将砂浆、细石混凝土等混合物输送到需要处的设备,通常用于建筑工程中。砂浆泵的工作原理是利用压缩空气将砂浆推送到需要的位置。与传统人工运输相比,减少工人数量,也减少了占用垂直运输设备资源的时间(例如施工电梯、塔式起重机等),从根本上大大提升了运输效率,同时也能提升施工现场文明施工形象	

51	异形斜拉桥滑轮组支架挂索	
适用范围	适用于异形斜拉桥斜拉索挂设安装	
推荐理由	(1)适用于异形索塔斜拉桥,可根据不同形状的结构物自由调整滑轮组。 (2)相比传统的起重机安装,可大幅节约成本。 (3)斜拉索安装便捷,进度可控	示例图片
推荐设备简要描述	桥面布置1台卷扬机,用以在桥面牵引展索,并将索体提升至索孔处。塔顶布置卷扬机和定滑轮支架,利用卷扬机和滑轮组配合将斜拉索牵引入孔、锚固	
52	电梯井应用钢结构工具式操作平台	
适用范围	适用于高层建筑主体施工阶段项目	
推荐理由	电梯井应用钢结构工具式操作平台具有便于安装、安全可靠、结构简便、制造方便、成本低廉且可周转使用的工具化、定型化的优势	示例图片
推荐设备简要描述	该平台集操作平台及安全防护于一体,包括一个定型操作平台架、一个水平软防护和一个水平硬防护。操作平台由可吊升的定型槽钢封闭方形框和固定钢管操作架组成	

53	楼梯间定型化上人通道	
适用范围	适用于装配式住宅工程主体施工阶段项目	
推荐理由	该技术可防止人员随意攀爬外架、支模架等不安全行为,减少安全隐患	示例图片
推荐设备简要描述	楼梯间定型化上人通道包括主框架、支腿立杆、固定钢楼梯、扶手栏杆、水平钢挑网等	

54	新型便于现场存放及吊装叠合板的装置	
适用范围	适用于装配式建筑叠合楼板放置	
推荐理由	(1)便于存放,节省空间及场地,存放时可以堆码12块叠合板。 (2)便于吊装,每次可吊运6块叠合板。 (3)省时省工,提高施工效率,节约成本。 (4)置物架材料全部用工字钢,焊接牢固,可以随意转运。 (5)上下两层置物架之间有限位挡板,且设置橡胶套,防止置物架之间出现位移	示例图片
推荐设备简要描述	现场存放及吊装叠合板的装置,包括支撑底座,支撑底座的四角和长边中点处均设有竖向支撑,在同侧的竖向支撑两两之间均设有V字形斜撑。竖向支撑远离支撑底座的一端均设有橡胶保护套,橡胶保护套上放置有平面置物架	

55	新型钢制移动洗车槽	
适用范围	适用于施工现场洗车池	
推荐理由	一、缩短工期，快速开工 (1)采用钢结构焊接，设计合理，用料厚实，牢固可靠，承载力强，可承受重达 120t 的工程车正常通过。 (2)建筑工地免做传统混凝土洗车池基础，运到工地简单安装即可使用，大大缩短土方施工工期 二、提高效率，节省成本 (1)全自动清洗，无须人工操作，快捷高效；高压冲洗，清洗时间短，60s 即可清洗完成，提高工地工程车辆通行效率。 (2)移动洗车槽用材实在，牢固耐用，可多次重复使用，转运方便快捷，待陈旧至不再使用时，洗车槽还可作废铁售卖，大大节省成本	示例图片
推荐设备简要描述	新型钢制移动洗车槽是以钢制洗车池为主体，配置自动和手动洗车台、喷水板、沉淀池等配件的可循环使用的节水型洗车设备，解决了建筑工地上传统洗车池制作工期长、制作成本高、不能重复使用等难题。新型钢制移动洗车槽具有随放随用、安装简单、可重复使用、节省水资源、综合成本低的特点	
56	新型混凝土高低强度等级控制施工工艺	
适用范围	适用于建筑主体结构高低强度等级混凝土控制	
推荐理由	(1)施工中使用的 LED 显示屏尺寸为 41cm×73cm，其具有技术成熟、性能稳定、质量轻、携带方便的优点。 (2)通过手机编辑每车混凝土信息发送至显示屏，在显示屏上注明罐车车次、混凝土强度等级和浇筑部位，泥工根据 LED 显示屏显示的每车混凝土信息进行浇筑，避免高低强度等级混凝土混浇。 (3)与传统浇筑方式相比，LED 显示屏工艺简单，直观显示每车混凝土信息，可更加有效地控制高低强度等级混凝土的浇筑质量	示例图片
推荐工艺简要描述	通过 LED 显示屏 App 编辑每车混凝土(强度等级、浇筑部位等)的信息直接推送至浇筑面显示屏上，工人通过显示屏信息进行混凝土浇筑	

57	自动泵浮球开关	
适用范围	适用于降雨量比较大、排水量大、集水井比较多,管理人员管辖不过来的地基与基础阶段、主体阶段排水	
推荐理由	可大大减轻管理人员现场的排水压力,做到智能化自动排水,对大雨天抽排水有较大的辅助作用	示例图片
推荐设备简要描述	自动泵浮球开关是为了加强施工现场抽排水自动化的实用新型产品,当集水井水面上升,浮球在浮力的作用下达到指定水位高度时即开启自动排水	

58	新型上拉式卸料平台吊点	
适用范围	适用于各种需要搭设卸料平台的项目	
推荐理由	(1)上拉式拉环可在采购上拉式悬挑架配件时一并采购,在材料受损时可及时替换,在安装后及时回收,可达到反复利用。与以往的预埋圆钢吊环相比,减少了焊接、切割施工,从而减少了危险作业环境,具有较高的推广价值。 (2)构件均可从市场采购,在施工过程中仅采用简单辅助工具即可完成,使普通工人更容易上手。从使用周转率来看,项目的楼层越多,高度越高,周转次数越多,节省的成本越大	示例图片
推荐设备简要描述	(1)在开孔位置预埋塑料套管,套管通过绑扎的形式进行稳固。 (2)套管固定好后,为防止混凝土在浇筑时污染预埋件,采用配套的临时螺栓进行安装封堵。 (3)混凝土浇筑完毕,混凝土强度达到15MPa后,取出塑料套管中的临时螺栓,安装正式的双耳拉环。 (4)安装前检查双耳拉环及马蹄扣是否有裂痕或损伤,再进行下一步。 (5)卸料平台采用塔式起重机吊运和人工协作的方式进行安装。 (6)在双耳拉环处采用马蹄扣进行连接,卸料平台的钢丝穿过马蹄扣进行安装	

续表

59	可调节梁夹具		
适用范围	适用于各种混凝土梁及导墙的加固施工		
推荐理由	(1)可以调节尺寸,用于不同截面的梁的紧固,实现一套夹具适应不同梁截面的目标,有效降低损耗,循环使用,环保节能,降低成本。 (2)解决传统螺杆步步紧固的跑浆及爆模的难题,固定销插紧,四周受力均匀,不跑浆、不胀模。无须使用穿墙螺杆,安装拆卸速度快。全部镀锌防锈,增加产品使用寿命与周转次数	示例图片	
推荐设备简要描述	(1)将梁夹具及各种配件准备好,主要包括固定件、可调节件、固定斜铁等。 (2)将梁夹具固定件置于梁模板上,下面加设支撑,在固定件上设有螺钉孔位,可用钉子或者自攻螺钉将梁夹具固定件和梁模板上的木方相连接。 (3)将梁夹具可调件与固定件连接,可调件上同样设有螺钉孔位,可通过木方与模板连接。 (4)梁夹具及可调件安装好后,插入斜铁,加固牢固即可		

3.3　材料类

推荐使用的材料清单

1	三段式对拉止水螺杆		
适用范围	适用于各种混凝土墙体支模施工		
推荐理由	(1)可重复使用,降低施工造价。可以拆卸成三段结构,其可拆卸性塑造了外杆的可重复利用,使用工序化繁为简。 (2)良好的防水效果。三段式对拉止水螺杆的内杆带有止水片,留在墙体的内杆可以起到良好的止水防水效果	示例图片	
推荐材料简要描述	由一根中间螺杆连接两根对称的端螺杆组成,中间螺杆设止水片和两处止动,端螺杆设紧固螺纹并配置紧固螺母。中间螺杆与端螺杆的连接处套有管形垫块,垫块中心部位是护圈。拆除模板后,可将端螺杆从埋入墙体内的中间螺杆上取下回收重复使用		

2	发泡陶瓷内隔墙板	
适用范围	适用于民用或工业建筑的非承重内隔墙	
推荐理由	(1)高温烧制,耐氧化,墙板内部无须增强措施。 (2)同级别消声效果板材厚度远小于市场同类产品。 (3)密度仅为380~420kg/m³,远小于市场同类产品,且A₁级防火材料燃烧不产生有害气体	示例图片
推荐材料简要描述	发泡陶瓷被称为"固废黄金",通过回收陶瓷尾料等工业固废作为主要原料,经1200℃高温焙烧制成,有效减少了水泥生产、建筑砖烧制和运输过程中的碳排放。由发泡陶瓷制作而成的发泡陶瓷内隔墙板,具有良好的保温隔热性能,耐火性能和阻燃性能优越,承重性能等也极强,还具有良好的耐冲击、耐磨损、耐污染和抗菌作用,可以有效改善建筑物内环境	
3	固废基泡沫轻质土低碳新材料	
适用范围	适用于交通基础设施建设存在大量如台背、肥槽等结构物回填工程	
推荐理由	(1)产品性能优势:具有固废材料惰性基团非离子型表面活性剂和泡沫轻质土微裂缝自修复技术,极端干湿和冻融循环作用下的泡沫轻质土性能达到水泥混凝土的耐极端环境使用标准,实现了水泥代替率大于70%。 (2)施工效率优势:泡沫轻质土路基1d形成强度,可形成直立面,继续下一层的浇筑,实现每天超400m³的回填方量,相较于常规土填筑与液态粉煤灰填筑工期缩短50%以上	示例图片
推荐材料简要描述	材料由水泥、固废、水、发泡剂组成。固废基泡沫轻质土密度为600kg/m³,固废基掺量为30%时既能保证回填结构物耐久性要求,又能使回填工程成本最为经济	

4	再生粗骨料混凝土	
适用范围	适用于多/低层民用建筑、市政桥梁、临建设施等混凝土工程	
推荐理由	(1)再生粗骨料混凝土是一种绿色、低碳、环保的建筑材料,其推广应用对实现建筑业可持续发展、降低碳排放,助力"双碳"目标具有重大意义,社会效益和环境效益明显。 (2)再生粗骨料混凝土成本低,因掺加了由建筑废弃混凝土加工成的再生粗骨料,再生粗骨料混凝土原材成本较普通混凝土大幅降低,经济效益明显	示例图片
推荐材料简要描述	再生粗骨料混凝土是指掺用再生粗骨料配置而成的混凝土,再生粗骨料是由废弃混凝土、砂浆等建(构)筑废弃物经过破碎、筛选、清洗等步骤形成的颗粒。再生粗骨料混凝土具有良好的承载能力、耐久性和抗震性能,可满足常规多/低层建筑物、市政桥梁、临建设施等混凝土结构的承载力和耐久性要求	

5	钢筋机械连接套筒①——分体式直螺纹套筒	
适用范围	适用于建筑主体工程、地基与基础工程钢筋机械连接	
推荐理由	(1)分体式套筒接头连接时,不需要钢筋的转动,使已成型的钢筋可以轻松实现对接。 (2)采用正反丝扣型套筒,通过转动套筒可少量调整两根已连接钢筋端面的间距,便于施工。 (3)丝头加工设备及套筒压接机功率小,耗电少,不需专用配电,无明火作业,可全天候施工,节能环保。 (4)对比普通的焊接施工工艺,能有效降低造价	示例图片
推荐材料简要描述	分体式套筒钢筋接头是一种新型的剥肋滚压直螺纹接头形式,其工艺原理是将两根待连接钢筋的螺纹丝头用两个半圆形的螺纹套筒扣紧,丝头螺纹与半圆形套筒螺纹紧密咬合,再通过锁套将两个半圆套筒及钢筋丝头锁紧,使之连成一体而达到连接的目的。由于锁套及套筒的锥度小于自锁角,因此锁套锁紧后不会自行脱落;接头质量稳定、性能可靠	

135

6	钢筋机械连接套筒②——双螺套连接	
适用范围	适用于建筑主体工程、地基与基础工程钢筋机械连接	
推荐理由	(1)连接接头处无湿作业,全机械连接。 (2)连接快速,连接完成后即可承力。 (3)钢筋连接质量合格与否可目测检验,简单清晰。 (4)现场接头质量检验简单、快捷,与普通直螺纹接头一致。 (5)钢筋连接作业面无须其机具设备,仅需连接扳手	示 例 图 片
推荐材料 简要描述	焊接型直螺纹接头＋双螺套接头＋焊接型直螺纹接头,可减少大量焊接作业时间及焊接质量风险,可节约连接钢板、焊接材料的昂贵费用,现场操作方便快捷。其以"钢筋不旋转"连接为主要特征,具有连接速度快、施工便利、质量可靠、成本低、可以全天施工等特点	

7	钢筋机械连接套筒③——冷挤压套筒机械连接	
适用范围	适用于建筑主体工程、地基与基础工程钢筋机械连接	
推荐理由	(1)对钢筋的适应性强,在没有提前预制的情况下,可施工。 (2)设备结构紧凑,使用方便,重量轻,便于移动,操作简单,超高压主机泵站为高低压双级设计,压钳行程速度可调,可灵活使用在各种复杂环境。 (3)自身稳固性不受钢筋的化学成分、人为因素、气候、电力等诸多因素的影响。 (4)绿色环保,没有污染,无明火操作	示 例 图 片
推荐材料 简要描述	冷挤压套筒,是一种没有内螺纹的套筒,连接时把冷挤压套筒套住两根钢筋的接头两端,放在专用压力设备中,按规定压接道次和压痕,通过压力使套筒产生塑性变形而使两根钢筋连接在一起。无车丝,连接速度快、施工便利、成本低、噪声小、随时可施工	

8	BM 连锁砌块	
适用范围	适用于建筑内、外围护结构	
推荐理由	(1)施工简单,速度快,综合工程造价低。 (2)砌筑墙面平整,免抹灰,可直接粉刷底层石膏。 (3)利用砌块空腔制作芯柱、水平系梁,免除模板支撑。 (4)具有抗压、隔热、隔声等功能	示例图片
推荐材料简要描述	根据现场布置芯柱(或构造柱)、水平系梁、过梁,进行植筋。根据砌筑、灰缝等模数进行排块,灰缝厚度 5mm,上下皮错缝搭砌。排块应考虑芯柱和水平系梁位置,从芯柱开始排水平块,不符合模数时,用辅块调节或切割,竖向排块时考虑门洞等标高,最底部灵活处理浇筑坎台。砌体转角和交接部位应同时砌筑,对不能同时砌筑又必须留设临时间断处,应砌成斜槎	
9	天然安石粉	
适用范围	(1)潮湿建筑环境的饰面装修;(2)对防火要求较高的建筑物;(3)对环境卫生要求较高的建筑物	
推荐理由	天然安石粉内装饰系统由封闭底涂(封闭层)、基底粗骨料(找平层)、天然安石粉(饰面层)组成,具有不燃、耐水、无毒、抗静电、粘结强度高等特点,可以代替室内水泥抹灰＋腻子＋涂料做法	示例图片
推荐材料简要描述	基底粗骨料是以无机胶凝材料为基料,以天然安石粉边角料为填充材料,辅以各种添加剂混合而成的抹灰、找平材料。基底粗骨料可替代传统的水泥砂浆、混合砂浆、石灰砂浆等传统抹灰做法,也可替代粉刷石膏等基层找平做法	

10	流态固化土施工工艺		
适用范围	适用于地下室肥槽回填、超深超窄基坑回填或室外工程管综回填等		
推荐理由	(1)原料为水＋固化剂＋土,原材料获得简单、成本低。 (2)早期强度较高,固化时间短,工期快,回填可连续进行。 (3)具有极强的流动性和自密性,泵送或直接浇筑,且无须振捣,施工质量可控。 (4)防渗效果好,可防止地下水对固化土本身的破坏,同时还与基础结构结合防止地表水沿结构与回填土的界面下渗。 (5)固化剂材料利用工业废渣,土利用现场开挖土,施工为液态浇筑,无扬尘,可消纳施工弃土,可工厂化生产	示例图片	
推荐材料简要描述	(1)充分利用肥槽、基坑开挖后或者废弃的地基土、渣土、尾矿等材料,在掺入一定比例的固化剂、水之后,拌合均匀,形成可泵送的、流动性好的加固材料。 (2)施工工艺流程:清理槽底→支模→固化土搅拌→ 运输→分层浇筑→收面→养护		
11	复合风管		
适用范围	适用于商业场所,体育场馆,电子、食品生产场所,购物广场等		
推荐理由	(1)面式出风,风量大,无吹风感。 (2)整体送风,均匀分布。 (3)防凝露。 (4)美观高档,色彩多样,个性化突出。 (5)重量轻,顶棚负重可忽略不计。 (6)系统运行宁静,改善环境品质。 (7)安装简单,缩短工程周期	示例图片	
推荐材料简要描述	复合风管以橡塑复合风管为代表,是一种采用橡塑复合绝热材料制成,在空调送出风系统中能全面替代传统风管、风阀、风口、静压箱、绝热材料的橡塑复合风管系统。主要由入口、主管段、末端、弯头、三通、变径等部件组成		

续表

12	土壤固化剂	
适用范围	适用于市政道路、高速公路、厂区道路、小区道路、人行道、乡村公路、机场跑道的路基	
推荐理由	(1)节约筑路成本,缩短工期。 (2)抗压强度高。在不改变施工条件的情况下,无侧限抗压强度可提高40%～100%。 (3)水稳定性好。土壤固化剂复合固结土试件常温下浸水不解散,水稳定性好,耐久性好。 (4)施工工艺简单。土壤固化剂渗透性好,与土的和易性好,使土易于压实,便于施工。所用的施工机械和传统筑路所用机械设备基本相同,劳动力需求量减少,施工工艺简单,工人只需简单培训即可上岗	示例图片
推荐材料简要描述	土壤固化剂是一种新型的高科技环境友好型筑路材料,将其作用于土壤后,其中多种有效成分与空气中相应气体相互作用,发生一系列复杂的物理和化学变化,使原本松散的土壤颗粒形成结构紧密的整体,从而提高了强度和密实度,提高了道路的承载力。并且,使用该产品后固化的土壤具有良好的斥水性和抗冻融性,在经济、技术、环境和施工方式上都具有良好的可操作性	
13	透水混凝土	
适用范围	适用于城市广场、人行道、自行车道、轻量机动车行道、道路中央隔离带以及停车场等透水铺装	
推荐理由	(1)透水混凝土具有透水功能,能使雨水渗入地下。不仅能够帮助城市泄流,解决城市内涝问题,透水路面雨天无积水,能蓄水及涵养地下水,还给植物保留充足的水分。 (2)透水混凝土具有高承载力,经国家检测机关鉴定,透水地坪的承载力完全能够达到C20～C25混凝土的承载标准,高于一般透水砖的承载力。 (3)因为有着无数的空隙,高温天气下释放水分,不会像传统混凝土路面那样无法释放热量而造成长时间高温,增加了空气湿度,改善了城市热岛效应	面层喷涂透水混凝土保护剂(罩面漆) SR透水混凝土增强剂+水泥+石子+色粉+水 SR透水混凝土增强剂+水泥+石子+水 示例图片
推荐材料简要描述	(1)透水地坪拥有15%～25%的孔隙,能够使透水速度达到31～52L/(m·h),远远高于最有效的降雨在最优秀的排水配置下的排出速率。 (2)透水地坪拥有色彩优化配比方案,能够配合设计师的独特创意,实现不同环境和个性所要求的装饰风格。这是一般透水砖很难实现的	

14	新型 FRP 筋	
适用范围	适用于钢筋混凝土配筋路面	
推荐理由	(1)重量轻,仅为同等规格钢筋的 1/4,减少工作强度,提升工作效率。 (2)费用低于钢筋费用,从而降低建设的费用,节约成本,增加企业的利润	示例图片
推荐材料简要描述	与传统钢筋材料相比,具有抗腐蚀、耐疲劳的特点,可在酸碱盐环境下长期使用,使用寿命长达 100 年;抗拉强度高,是同等规格钢筋抗拉强度的 2 倍以上;绝缘、隔热、透电磁波,可用于特殊场合,比钢筋更容易与混凝土结合;且重量轻,仅为同等规格钢筋的 1/4,减少工作强度,提升工作效率	
15	水泥毯	
适用范围	适用于各种基坑防渗施工	
推荐理由	(1)铺设方便快捷,降低施工造价。 (2)具有良好的防渗效果	示例图片
推荐材料简要描述	由三维纤维毯和复合混凝土干粉材料组成,水泥毯遇水后会自动变硬,铺设比较方便,节约人力、物力,可有效降低施工成本。同时具有较好的防渗功能	

16	绿色装配式护坡	
适用范围	适用于各类深基坑边坡支护	
推荐理由	(1)满足施工对防护板材料拉伸强度、伸长率等的要求,在现场施工、验收上具有可行性。 (2)可周转,产生建筑垃圾少。 (3)不受冬期施工影响	示例图片 加筋面层 高分子面层 防水层 微颗粒防护层(皮肤层)
推荐材料简要描述	面层采用绿色装配式可回收材料取代混凝土喷锚面层,通过特定连接构件将锚固件连接成一个整体,支护体系对坡面起到稳定的防护作用。配合预制装配式挡墙(工字形截面柱与插板构成),有效防止汛期雨水倒灌入基坑	

17	道路基层用新型土凝岩稳定材料	
适用范围	适用于各种市政工程道路基层施工	
推荐理由	(1)土凝岩稳定材料为道路基层施工提供了可靠的环保建材,且相比传统材料,土凝岩稳定材料可以直接降低材料成本 $10\%\sim30\%$,并且在保证与传统路面结构同样强度、耐久性及其他性能的前提下,具有更高的环保性、经济性和便捷性。 (2)在施工机械设备等的选取上,土凝岩稳定材料仍采用道路施工常规机械和工艺(厂拌法、路拌法),且不需要摊铺机等机械,在人工角度上不需要额外人工培训成本	示例图片 细粒式沥青混凝土 改性乳化沥青稀浆封层 土凝岩稳定材料 级配碎石
推荐材料简要描述	土凝岩材料是基于地质成岩原理,利用钢渣、粉煤灰、赤泥、煤矸石等工业固体废弃物,经研磨加工而成。它可以取代传统材料如水泥和石灰。在道路建设中,土凝岩稳定土可替代石灰土、水泥土、水泥稳定碎石等用于各等级的路基改良层。同时,还提供不同配方的系列产品,具有优异的工程性能,满足合理使用一切可能资源的建设原则	

18	箱梁用成品束钢绞线	
适用范围	适用于各种箱梁预制施工	
推荐理由	推送设备推力大，适合多规格成品束的一次推送。推送速度快，而且成品束平行推送，保证钢绞线孔道内不缠绕	示例图片
推荐材料简要描述	预应力钢绞线在工厂下料预制加工，加工形成成品束后运至施工现场，使用成品束施工设备（放线架和门架式双路拔管穿束台车）进行安装，针对成品束穿束进行特殊研发。成品束多捆为一个打包单元，一次吊装到放线架中连续放线，一次可放5孔道所需成品束且可双孔道同时穿束，根据现场需求，设置3个放线架，可一次完成整个梁体所需钢绞线吊装	

19	超早强灌浆料（UHCGM）	
适用范围	适用于装配式建筑或装配式桥梁结构中，可产生良好的技术和经济效益	
推荐理由	通过开展玻璃微珠-硅灰-水泥-粉煤灰-细骨料相容性优化研究，调控灌浆料流动性、凝结时间，并保持其稳定分散状态，解决矿物掺合料分布不均匀的问题	示例图片
推荐材料简要描述	基于最密实堆积理论，研发超早强灌浆料，其12h抗压强度60MPa以上，28d抗压强度超过100MPa，并具有良好的工作性能，竖向膨胀率等各项指标均满足规范要求。市售灌浆料及规范要求一般为24h强度达到35MPa，28d强度达到85MPa，该超早强灌浆料性能比现有市售灌浆料显著提升	

20	废旧木模板再生木方技术	
适用范围	适用于废旧模板回收再利用,实现材料回收利用	
推荐理由	解决复合木方产品在层板接头处易断裂,侧面钉入不吃钉,且复合木方成本高于普通木方,不利于推广的问题	示 例 图 片
推荐材料 简要描述	废旧木模板再生木方相对于原复合木方,抗弯强度提高了 18%,抗弯刚度提高了 15%;改进组坯方式以提高连接性能;采用聚酯纤维布和改性酚醛胶,成本预计可降低 16%。新型复合木方的生产可以带动建立健全木质固废的回收利用制度,催生建筑业木质固废的回收和再利用产业,带动相应的市场和经济增长点,提供相应的岗位,具有较大的环境效益和社会效益	
21	废石膏抹面砂浆增韧控裂技术	
适用范围	适用于抹灰层施工,可有效防止后期抹灰层空鼓开裂	
推荐理由	抹灰层空鼓开裂一直是建筑工程质量控制的重要内容之一,但在施工过程中经常达不到要求,仍然是建筑工程质量的通病之一。采用废石膏抹面砂浆增韧控裂技术,可有效防止抹灰层空鼓	示 例 图 片
推荐工艺 简要描述	废石膏抹面砂浆增韧控裂技术采用玻纤粉保障纤维分散性,改善轻质抹灰石膏砂浆的韧性,并通过控制砂率、调整外加剂的合适掺量,保证抹面石膏砂浆的轻质性和工作性	

22	新型混凝土水泥毯
适用范围	适用于高边坡固化防护施工
推荐理由	与传统边坡喷浆锚固施工相比,具有成本低、效率高、固化效果好的特点
推荐材料简要描述	坡面采用水泥毯覆盖,沿着水流方向,把上面的水泥层压到下面的水泥层,层叠处不少于10cm,缝合处均匀涂上密封剂;使用5ϕ38mm的不锈钢螺栓将两块水泥毯固定在一起,坡顶采用直径16mm、长度1000mm的临时土钉间隔2500mm沿坡顶布置;铺设完成后,浇水使水泥毯固化,达到边坡防护效果

示例图片

23	PVC-C 喷淋管
适用范围	适用于喷淋系统
推荐理由	(1)不腐蚀,不结垢,不堵喷淋头; (2)重量轻,化学冷溶连接,安装简单; (3)管道内壁光滑,水流量大; (4)安装灵活,可贴顶贴墙等,节约建筑空间
推荐材料简要描述	PVC-C 消防喷淋专用管配件,轻便易安装,耐压阻燃

示例图片

24	瓦楞形槽盒	
适用范围	适用于电气系统	
推荐理由	(1)降低了桥架本身重量,提高了槽体的强度,带来更高的承载力。 (2)因桥架板材厚度降低,自重降低 30% ～ 50%,可节省可观的材料成本。 (3)侧板及底板设对流孔,使桥架内空气形成对流,更利于散热	示例图片
推荐材料简要描述	自重更轻,施工强度更低,支架密度小,线缆与桥架底部接触面小,牵引电缆更方便	
25	预制混凝土锥体	
适用范围	适用于铝合金模板施工的钢筋混凝土墙体螺栓眼封堵	
推荐理由	操作简单,施工效率高,防渗漏效果好	示例图片
推荐材料简要描述	采用一端与螺栓眼同直径,另一端直径略小的预制混凝土锥体,把混凝土锥体用水泥浆包裹,略小端对准螺栓眼,由室内向室外推出,至另一端与墙面平齐,做到水泥浆由螺栓眼挤出,确保螺栓眼密实,达到防渗效果	

26	外墙保温一体化板	
适用范围	适用于各种混凝土墙体带外保温施工	
推荐理由	(1)外保温外侧浇筑混凝土,不易脱落且防火效果好。 (2)外保温与结构同时施工,缩短总体工期。 (3)外立面装饰施工质量容易保证,减少外墙渗漏风险	示例图片
推荐材料简要描述	在墙体受力钢筋的外侧将无孔模块经积木式相互错缝插接拼装成现浇混凝土墙体的夹芯保温层,用连接桥固定无孔模块位置,将金属热镀锌电焊网安装在连接桥外侧端头的预制卡槽内,再通过连接桥和组合配件将内外两侧模板连接和紧固,构成无孔模块外侧有50mm、模块内侧有与结构墙体厚度等同的两道空腔模板组合(或称空腔构造),并分别向空腔构造内浇筑混凝土,形成的保温与结构一体化的复合墙体	
27	U形免支模构造柱砖	
适用范围	适用于各种圈梁、过梁、构造柱支模施工	
推荐理由	(1)无须留设固定模板用的拉杆孔洞,勾缝清晰。 (2)省去了原有构造柱、圈梁等二次结构支模和拆模的工序,节约了人工成本和模板及周转材料成本。 (3)构造柱与墙体同时砌筑,提高了砌体工程的施工效率。 (4)成型后构造柱与砌体表面平整度偏差小,墙体观感质量好,不存在传统构造柱施工后用双面胶带处理的问题,降低后期抹灰施工空鼓开裂的质量风险	示例图片
推荐材料简要描述	改变传统支模方式,在工厂预制不同规格的U形成品小构件作为构造柱、水平系梁的模板。在砌筑过程中,构造柱钢筋绑扎完成后,U形免拆模板开口朝两侧放置,随砌体同时砌筑施工,完成至一定高度后即可浇筑构造柱混凝土;水平系梁U形免拆模板开口朝上随砌体一同砌筑,完成后放入水平系梁钢筋浇筑混凝土,免去支模环节	

28	灌注桩钢筋笼轮式混凝土保护层	
适用范围	适用于灌注桩钢筋笼施工	
推荐理由	(1)施工简单、方便,节约劳动力。 (2)有效桩钢筋控制保护层厚度	示例图片
推荐工艺简要描述	一、工艺流程 轮式保护层垫块制作、养护→保护层垫块安装→保护层垫块绑扎(或焊接)→钢筋笼验收。 二、控制要点 (1)轮式保护层强度等级不宜小于 C20,厚度宜为 50mm,半径同桩钢筋保护层设计厚度,中间孔径比箍筋直径大 2～3mm;提前一周制作并养护。 (2)轮式砂浆垫块间距一般不大于 2m(与加强筋间距一致),环向布置,每一环上垫块不宜少于 4 个,对称分布。 (3)轮式砂浆垫块必须与钢筋笼绑扎(或焊接)牢固	

29	方柱扣加固件	
适用范围	适用于各种混凝土柱支模施工	
推荐理由	(1)安拆简单:卡板安装,使用固定销插销式紧固,无须使用穿墙螺杆,实现便携式安拆。 (2)效率更高:大大提升施工效率 1 倍以上,节约人力成本。 (3)拆模后成型效果更优:方柱扣刚度远高于传统钢管扣件,而且加固方式更为紧实,保证了模板支设牢固稳定,混凝土浇捣过程中也避免了一些质量通病的发生,脱膜柱体观感质量良好。 (4)周转率高:方柱扣本身的组件式设计保证了自身的周转使用,而且由于该方式下模板无须打孔,从而也增加了模板的周转次数,一举两得	示例图片
推荐材料简要描述	方柱扣的组件由卡板和固定销组成,每片卡板一端做成 U 形卡槽,一端布满双排通孔。安装时,仅需将 4 片卡板首尾卡住,再用固定销插入通孔牢牢紧固;拆卸时也仅需拔出固定销,依次拆除卡板,即可周转使用	

30	中埋式钢板止水带成品转角
适用范围	适用于各种混凝土施工缝

<table>
<tr><td rowspan="2">推荐理由</td><td>（1）施工更加方便,钢板止水带转角位置焊接操作较为困难,采用成品转角可降低施工难度。
（2）良好的防水效果。减少了转角焊缝连接点,降低了漏水风险</td><td rowspan="4">示例图片</td><td></td></tr>
<tr><td></td></tr>
<tr><td>推荐材料简要描述</td><td>在工厂中采用预切割槽口、专业机床焊接制作止水钢板转角接头,成品质量好。
成品转角具有多种造型,可根据需求选择L形、S形、十字形等,满足不同条件下的使用需求。成品转角减少转角处焊缝连接,有效降低渗漏风险</td><td></td></tr>
</table>

定型构件 ≥500　定型构件 ≥500

31	UHPC 预制混凝土挂板	
适用范围	适用于各种室内墙面装饰、外幕墙装饰	
推荐理由	(1)可以制作各种异形板和镂空板,同时由于高度的流动性,UHPC(超高性能混凝土)可以被浇筑成更复杂多变的造型。 (2)UHPC 挂板具有更高跨度和重量比,可减少与主体的连接点数量和简化或取消背负钢架,节约安装成本。 (3)超好耐久性及低维护成本。 (4)UHPC 挂板采用预制工艺,可以在工厂进行生产,减少现场施工时间,提高施工效率	示例图片
推荐材料简要描述	(1)设计和制造:根据设计要求,制订 UHPC 挂板的尺寸、形状和装配方式,并进行预制加工。 (2)安装支撑结构:在建筑结构上安装支撑系统,确保挂板的稳定和安全。 (3)安装挂板:将预制的 UHPC 挂板通过吊装等方式安装到支撑结构上,并进行固定和连接。 (4)粘结和密封:使用专用的胶粘剂和密封材料,将挂板之间和与结构之间进行粘结和密封处理	
32	装饰净化一体板	
适用范围	适用于办公楼、商业空间、医院、星级酒店、机场地铁、连锁品牌、银行、学校等大型公共建筑	
推荐理由	(1)具有长效抗菌杀毒和净化空气功能,能在室内持续高效去除苯、氨、TVOC、甲醛、$PM_{2.5}$ 等有毒有害物质,并可以去除异味、广谱长效防霉抗菌。 (2)具有良好的加工性能,如现场开槽、折弯、弯弧等,并开发专用的安装系统,操作简便、安装快捷。比传统墙面安装方式节省 50%的工时,无污染,安装后即时投入运行。 (3)净化一体板具有优秀重量比,可减少与主体的连接点数量和简化或取消基层钢架,节约安装成本。 (4)净化一体板采用预制工艺,可以在工厂进行生产,折弯、弯弧等,减少现场施工时间,提高施工效率	示例图片
推荐材料简要描述	第一步:根据设计要求,绘制净化一体板的排板尺寸、深化形状和装配方式。 第二步:安装钢架调平基础,有效控制墙面饰面基层平整度。 第三步:安装净化一体板专用卡尺龙骨。 第四步:安装净化一体板,可调节板块平整度等外观质量	 密拼龙骨　　　　收边龙骨

33	玻璃纤维布面石膏板	
适用范围	适用于各种室内隔墙面板、基层板材	
推荐理由	(1)A级防火材料。 (2)耐潮湿,加工方便。 (3)价格便宜,同等规格下单价低于木工板	示例图片
推荐材料简要描述	玻璃纤维布面石膏板是一种高强石膏基材料,具有A级耐火性能,耐潮湿,可以用作防火隔墙面层。相比于传统的水泥纤维板,玻璃纤维布面石膏板的使用范围更广,面层可以直接抹腻子,且板材变形较小	

34	GRG	
适用范围	适用于复杂造型基层	
推荐理由	(1)强度高,抗冲击性能及柔韧性出色,且相对轻质。 (2)属于A级防火材料,吸水率低,适用于超市环境。 (3)属于可再生利用的绿色环保材料	示例图片
推荐材料简要描述	GRG(玻璃纤维加强石膏板)产品加工周期短,施工便捷,造型可根据图纸设计要求定制,安装迅速、灵活,可进行大面积无缝密拼,形成完整造型。特别是对洞口、弧形、转角等细微之处,可确保无任何误差	

续表

35	钢纤维混凝土	
适用范围	适用于大型厂房、展厅重荷载地坪,部分车库混凝土地坪	
推荐理由	钢纤维提高了混凝土板的韧度和延性,将混凝土材料性质由原来的脆性变为柔性,板的允许弯曲挠度增大。因而在控制混凝土因温度应力或者变形产生的裂缝方面,钢纤维的效果非常好	示例图片
推荐材料简要描述	钢纤维在混凝土拌合站直接添加至混凝土内部,可替代混凝土地坪中的钢筋网片,具有施工便捷、施工效率高、成型效果好的优点	

36	降板定型钢模	
适用范围	适用于卫生间、厨房、阳台降板	
推荐理由	(1)模板周转次数多,可回收,可重复利用。 (2)混凝土成型效果好,不易跑模变形	
推荐材料简要描述	(1)板筋绑扎到位后,在放置方管部位焊接好H形马凳,H形马凳与上下排钢筋进行点焊,马凳间距不超过1m,方管卡在H形马凳上部。H形马凳中间横筋上表面同板面混凝土标高。严禁采用钢丝加固,否则易产生跑模,标高不一致等质量缺陷。 (2)拆模时要达到拆模强度要求后方可进行,否则会破坏混凝土表面;组合钢模拆除后要清理表面混凝土残渣,安装前涂刷隔离剂并干燥。 (3)清理干净面板焊渣及灰尘,确保钢吊模定位及标高准确;确保钢吊模固定牢固;确保混凝土强度满足后拆模	示例图片

37	抹灰石膏	
适用范围	适用于室内装修墙面找平施工	
推荐理由	抹灰石膏可以代替水泥砂浆，比水泥砂浆更具有稳定性，在墙面施工时，水泥砂浆在涂刷不均匀的情况下，容易出现空鼓或者裂痕，严重的可能还会导致掉粉的情况，但是抹灰石膏不会出现这些问题，并且抹灰石膏可以做到厚度薄且不空鼓，特别适用于薄抹灰工程	示例图片
推荐材料简要描述	抹灰石膏是代普水泥砂浆的新型、环保的墙体抹灰材料，相较于传统水泥抹灰砂浆具有防火、隔热、隔声、阻燃、抗冲击、体积安定性好、粘结力强、抗冻害、不空鼓开裂等特点	

38	预铺式丁基自粘高分子防水卷材（TPO）	
适用范围	适用于地下室及屋面施工	
推荐理由	（1）卷材搭接施工工艺为热风焊接搭接，抗剥离强度是常规自粘工艺的5倍。 （2）TPO防水卷材具有较强的抵抗酸碱盐等化学腐蚀能力，满足在临海边建筑地下环境的要求。 （3）卷材施工完成后可直接绑扎底板钢筋，无须再施工混凝土保护层，节省工程材料的同时可有效缩短施工工期	示例图片 反粘结合层 高分子热熔胶层 TPO基材层
推荐材料简要描述	是以热塑性聚烯烃弹性体为主要原料，采用进口优质TPO树脂，辅以阻燃剂、光屏蔽剂、抗氧剂、光稳定剂、增强织物等经挤压而成。主要为三层材料（反粘结合层、高分子热熔胶层、TPO基材层）	

39	预拌流态固化土	
适用范围	适用于狭窄空间回填	
推荐理由	(1)流态固化土早期强度较高,固化时间短,工期快。这种特性可保证回填的连续进行,同时可以保证基坑内支撑的随回填随拆除。流态固化土回填基槽所需工作面较小,可多段同时施工,施工速度快,工艺环节少,工期短。 (2)流态固化土具有经济、环保的特点。流态固化土回填基槽可以解决采用灰土回填时存在的对土的要求高、作业面较小夯实难度大、夯实质量不稳定、与基础结构界面结合不好等问题,其在基槽回填的效果可以媲美混凝土。但其造价远低于采用混凝土回填。同时,施工时采用集中搅拌,现场浇筑时材料为液态,不会产生扬尘污染,绿色环保	示例图片
推荐材料简要描述	预拌流态固化土是一种新型建筑材料,其充分利用肥槽、基坑开挖后或者废弃的地基土,在掺入一定比例的固化剂、水之后,通过独创工艺和特殊机械充分拌合均匀,形成可泵送、具有流动性的加固材料,用于各类肥槽、基坑、矿坑的回填浇筑,还可广泛用于道路路基、建筑物地基等加固处理领域	
40	GRC 构件	
适用范围	适用于屋面女儿墙泛水施工	
推荐理由	(1)模块尺寸可调整,施工快捷、方便,强度高。 (2)相对于原泛水处抹灰易空鼓开裂的情况,采用GRC(玻璃纤维增强混凝土)构件可避免因泛水卷材空鼓导致开裂的情况	示例图片
推荐材料简要描述	GRC 构件是一种以耐碱玻璃纤维为强化材料、水泥砂浆为基体材料的纤维水泥复合材料。GRC 构件具备屏蔽、环保、抗污、隔声效果好、抗震性能强、造型多样等诸多特点	

41	无缝岗石	
适用范围	适用于各种框架柱装修	
推荐理由	(1)采用石材整平优化再处理的工艺,模块化安装,效率高,无缝研磨后,石面平整光亮,消除黑缝现象,整体视觉效果好。 (2)在传统工艺基础上改进与创新,岗石在生产的过程中消除了暗裂、裂隙等石材通病,岗石重量比同等天然大理石材轻 8%～10%,使得加工、施工过程更加安全。同时,采用先进的处理手段和成型工艺,使得岗石的强度得到加强,定期维护后会大大延缓老化的过程。 (3)操作简便、效率高,岗石尺寸精确,厚薄一致,精细化拼装。简洁的安装方法、灵活的铺装方式是岗石的又一大优势。 (4)节约环保,绿色建造	示例图片
推荐材料简要描述	无缝岗石圆柱施工工法是先经定型化设计和工业化加工定制,通过排板以及放线,确定岗石圆柱的分格以及模数,再采用角钢进行柱体横竖以及造型龙骨施工。将挂件固定在造型龙骨预留钻孔位置,同时进行石材的开槽和加工,石材安装前,需对石材进行六面防护处理。当整体石材安装完成后,进行中缝再造、剪口平整。相邻石材缝隙用高硬度的云石胶填补后打磨,杜绝黑缝现象,最后进行无缝研磨以及晶片抛光	
42	墙体材料——ALC隔墙板	
适用范围	适用于各类防水混凝土结构施工	
推荐理由	(1)建筑用轻质隔墙板质量轻,如 90mm 厚墙板质量为 90kg/m^2,是砖墙的 1/2,页岩多孔砖的 3/4。该轻质板是免抹灰的,减少了搭设内架、抹灰的施工成本,减少了基础投入。 (2)隔声、隔热效果更佳,如 90mm 厚度墙板的隔声量为 38dB,120mm 厚度墙板的隔声量为 45dB,150mm 厚度墙板的隔声量为 48dB。 (3)高温下的耐火极限为 3h,而且不会散发有毒有害气体,不燃烧性能达到国家 A 级标准,墙板安装完成后,整体性较好,具备良好的耐火性	示例图片
推荐材料简要描述	(1)建筑用轻质隔墙板是以煤渣、煤灰、建筑破碎料等为原料,水泥为胶凝材料,一次挤压成型的非承重轻质隔墙板,产品比传统墙体材料更轻质,施工速度是传统材料的 3～5 倍。 (2)防火等级更高,在连续的高温下墙体不会分离脱落,而且不会散发有毒气体,真正达到防火的功能。 (3)产品具有比传统砌筑材料重量轻且可以任意开槽、长短任意切割、无须抹灰等优势,实现了住宅构件生产工厂化、技术现代化、设备机械化	

43	铝板装饰线条	
适用范围	适用于外墙装饰线条施工	
推荐理由	(1)厂家定制生产,可适用于大部分造型。 (2)铝板为成品安装,相较于传统的混凝土线条、GRC线条,可减少抹灰、腻子、涂料等工序。 (3)铝板质量轻,便于安装,且安装牢固,后期使用不易发生脱落	示例图片
推荐材料简要描述	采用钢通作为主次龙骨,使用化学螺栓将主龙骨固定在结构梁、柱上,次龙骨与主龙骨焊接固定,外侧铝单板采用角码与次龙骨连接固定,最后采用密封胶密封铝单板与铝单板、铝单板与结构之间缝隙	
44	硬质聚氨酯喷涂泡沫	
适用范围	适用于地下室外墙防水保护层及屋面保温层施工	
推荐理由	(1)导热系数低、热阻值高,具有优异的保温性能;同时憎水率高,具有较好的防水、抗渗性能。 (2)具有优异的自粘性能,不受建筑外形限制,与基层粘结牢固,化学性能稳定,使用寿命长。 (3)机械化操作,自动配料,施工简捷,施工周期短。 (4)可替代地下室外墙防水保护层中的挤塑聚苯板及屋面保温材料,采用喷涂施工与防水层连续无接缝,兼具防水功能,减少渗漏隐患	示例图片
推荐材料简要描述	硬质聚氨酯喷涂泡沫是以异氰酸酯和聚醚为主要原料,在发泡剂、催化剂、阻燃剂等多种助剂的作用下,通过专用设备混合,经高压喷涂发泡而成的高分子聚合物。广泛应用于建筑物外墙保温、屋面防水保温一体化、管道保温等	

45	新型外架连墙件	
适用范围	适用于落地式、悬挑式外脚手架连墙件施工	
推荐理由	(1)可重复使用,降低施工造价。新型连墙件代替传统的钢管预埋式连墙件,采用结构梁侧安装埋件,连墙件钢管一端与梁侧通过双螺栓连接的方式固定,钢管及螺栓可多次周转利用,较传统预埋短钢管方式减少了钢管损耗、降低项目成本。 (2)连墙件拆除简便,外墙修补量少,效率高,节约工期。新型连墙件相较传统连墙件拆除简便,外墙洞口无须采用细石混凝土补洞、抹灰、涂料等工序,仅需砂浆封堵螺杆孔洞、修补装饰面,避免了渗漏隐患点,每层架体拆除可提前 2d 左右	示例图片
推荐材料简要描述	新型连墙件主要由预制埋件、M14 螺栓、钢管(含锚板)组成,结构施工封梁侧模板时将预制埋件固定在模板内侧。梁侧拆模后,钢管有锚板一端对准埋件采用螺栓拧紧安装,钢管另一端采用扣件与外架内、外立杆进行连接。结构达到强度后,抽样检测螺栓拉拔值,满足规范、方案计算要求方可	

46	装配式高隔声龙骨隔墙	
适用范围	适用于二次结构阶段的隔墙施工	
推荐理由	传统砌体隔墙稳定性差,抗震性能差,施工速度缓慢;装配式高隔声龙骨隔墙因具有较好的墙体稳定性、抗震性能好、自重轻、施工速度快等特点,有利于提高填充墙质量,并且有效缩短工期	示例图片
推荐材料简要描述	装配式高隔声龙骨隔墙由横龙骨、竖龙骨、隔声棉、高隔声板和埃特板组成,龙骨间距依设计规定为 600mm,高隔声竖龙骨与多功能高隔声板依次按顺序安装	

续表

47	石灰改性膨胀土	
适用范围	适用于膨胀土路基施工	
推荐理由	(1)原有开挖出的膨胀土经石灰改性后可直接用于路基填筑,避免大范围换填,为项目创造效益。 (2)减少天然回填料开采,保护生态环境及降低施工成本,具有良好的生态、经济效益,运用前景广阔	示例图片
推荐材料简要描述	采用石灰改性膨胀土技术,利用石灰与膨胀土中阳离子的交换和物理反应加强膨胀土内部颗粒间的嵌挤作用,改善膨胀土土体力学性质。同时,膨胀土与石灰发生化学反应,其生成物起到粘结作用,增强土体强度。 开工前开展现场勘察及室内研究试验,探明膨胀土分布情况、膨胀土分类及其构成、性质,确定可用膨胀土,并依此开展配合比试验,检测改良膨胀土性能指标,确定膨胀土最优含水率及石灰掺量等关键指标,确定施工配合比	
48	防水保温一体化板材	
适用范围	适用于各种类型的有防水及保温需求的屋面	
推荐理由	传统屋面工程防水及保温一般采用倒置式构造做法,存在保护层开裂后窜水问题,窜水后防水保温效果将受到影响	示例图片
推荐材料简要描述	通过工厂化生产,将上下层防水与中间夹层保温板一次热压复合制得一体化板,通过独特的"防水+保温层+防水"的"三明治"式的构造材料,利用专用粘结砂浆粘贴,消除了防水保温之间的窜水通道,可有效加强防水保温性能,减少施工工序,缩短一定的施工周期,保障屋面系统的使用寿命	

49	纤维增强复合材料	
适用范围	适用于各种增强混凝土、复合材料墙体、保温纱窗与装饰、FRP 钢筋、卫浴、游泳池、顶棚、采光板、FRP 瓦、门板、冷却塔、管材、绝缘材料等	
推荐理由	(1)具有优越的增强效果,重量轻、强度高、耐老化、耐冲击、阻燃性好。 (2)在韧性、耐腐蚀性、耐磨性及耐温性等方面与传统材料相比具有明显的优势。 (3)设计自由度大、易加工成型、低摩擦系数、良好的耐疲劳性	示例图片 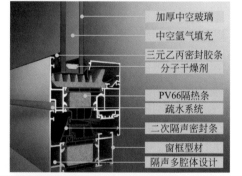
推荐材料简要描述	玻璃纤维是以玻璃球或以叶蜡石、石英砂、石灰石、白云石等矿物原料经高温熔制、拉丝、络纱、织布等工艺制造而成的,其单丝的直径为几微米到二十几微米,相当于一根头发丝的 1/20～1/5,每束纤维原丝都由数百根甚至上千根单丝组成	

50	断桥铝型材	
适用范围	适用于窗户铝型材安装	
推荐理由	隔热断桥铝合金的原理是在铝型材中间穿入隔热条,将铝型材断开形成断桥,有效阻止热量的传导。隔热铝合金型材门窗的热传导性比非隔热铝合金型材门窗降低 40%～70%	示例图片  加厚中空玻璃 中空氩气填充 三元乙丙密封胶条 分子干燥剂 PV66隔热条 疏水系统 二次隔声密封条 窗框型材 隔声多腔体设计
推荐材料简要描述	断桥铝门窗型材是由铝合金型材和热塑性混合材料隔热条组合而成。滚压式隔热铝合金型材是以隔热性能好的高密度聚酰胺 PA66 胶条或聚氯乙烯硬质塑料胶条经穿条滚压加工,使铝塑连成一体。发泡式隔热铝型材是利用隔热条把内、外层铝型材连接嵌装成一体,在形成的隔热腔内填充聚氨酯泡沫,成为隔热铝合金型材"冷桥",达到保温、节能的功效	

51	软瓷（MCM 材料）	
适用范围	适用于外墙、内墙、地面等建筑装饰，特别适用于高层建筑外饰面工程、建筑外立面装饰工程、城市旧城改造外墙面材、外保温体系的饰面层及弧形墙、拱形柱等异形建筑的饰面工程	
推荐理由	软瓷（MCM 材料）是一种新型的节能低碳装饰材料，其作为墙面装饰材料，具有质轻、柔性好、外观造型多样、耐候性好等特点；其用作地面装饰材料，具有耐磨、防滑、脚感舒适等特点；施工简便快捷，比传统材料缩短工期，节约空间，节约成本，而且不易脱落	示例图片
推荐材料简要描述	软瓷技术产品以普通城建废弃泥土（包括黄土、红土、白土、黑土）、水泥弃块、瓷渣及石粉等无机物为主要原料。软瓷建筑装饰材料必须采用聚合物水泥胶粘剂进行粘结，改性成分为水溶性高分子聚合物乳液等，现场按比例添加到水泥中，并采用电动搅拌混合呈黏稠状方可使用	
52	悬挑脚手架 U 形环预埋件	
适用范围	适用于搁置悬挑脚手架 U 形环预埋	
推荐理由	（1）可重复使用，降低施工造价。（2）使用完成后预埋件可以取出，对预埋件位置进行防水封堵，相比老式的预埋方式降低渗漏隐患（尤其是厨卫间等有防水要求的房间）	示例图片
推荐材料简要描述	（1）由预埋 U 形环及塑料套管组成，使用时，将 U 形环穿过塑料套管并进行定位。使用完成后，可将 U 形环及塑料套管从板底取出，对预埋洞进行防水封堵，防止渗漏。（2）取出的 U 形环可重复使用	

53	锁脚螺栓	
适用范围	适用于外墙底部墙体模板加固	
推荐理由	(1)可重复使用,降低施工造价。可以拆卸成两段结构,其可拆卸性塑造了外杆的可重复利用性,将使用工序化繁为简。 (2)良好的防漏浆效果。通过与下部已浇筑完成墙体的有效连接,配合海绵条使用,可以很好地防止混凝土浇筑过程中漏浆,造成墙面污染	示例图片
推荐材料简要描述	下层外围墙体模板支设完成后,在结构完成面下约150mm处设置预埋件并加固,本层外围墙体钢筋绑扎完成后进行模板合模,拆除下层外围剪力墙顶部模板,露出预埋件,最后将后置加固件与预埋件拧紧,完成模板加固	
54	方钢管	
适用范围	适用于各种混凝土支模施工	
推荐理由	(1)大大减少了木方的使用量,且方钢管比木方周转利用次数多,节约材料,降低施工造价。 (2)方钢管刚度较大,不易变形,混凝土成型质量较好	示例图片
推荐材料简要描述	次龙骨采用50mm×50mm×1.5mm的镀锌方钢管,长度分别为2、2.7、3.3、4m,并在端部塞入木方,端部刷不同颜色油漆,以便现场识别管理,对应用红、黄、蓝、绿四种颜色标识。具体使用间距,根据项目工程结构情况进行设计计算	

55	镁晶板风管	
适用范围	适用于有耐火极限要求的防排烟风管	
推荐理由	(1)镁晶无机组合式耐火风管作为一种新型风管,拥有防火性能,耐火等级 A 级,整体风管系统耐火时限可达 3h 以上。 (2)镁晶风管强度大,施工周期短,板材轻便,提高了工人施工效率,且由镁晶板制作而成的风管克服了玻璃钢风管吸潮返卤的缺点,长期使用风管也不会出现玻璃钢风管粉化的情形	示例图片
推荐材料简要描述	镁晶板风管是由镁晶 A 级防火板配合法兰、角码、卡条连接而成的一种新型不燃风管组合,集金属层、隔热层、增强层于一体的耐火风管,在满足规范耐火极限要求的同时,金属复合耐火风管实现了一体化安装,减少了工序,安装便捷,大幅降低了施工成本	
56	高强碳纤维筋	
适用范围	适用于城市更新项目中,钢筋混凝土结构梁、板等结构构件的加固	
推荐理由	(1)高强碳纤维筋轻质高强,在提高既有混凝土梁承载力的同时,基本不增加结构自重和尺寸。 (2)碳纤维筋耐久性好,减少了因筋材损耗带来的后期维护费用,工程全寿命周期经济效益显著提高	示例图片
推荐材料简要描述	高强碳纤维筋是一种由多股连续碳纤维与基体(聚酰胺树脂、聚乙烯树脂、环氧树脂等)进行胶合后,通过特殊模具热合加工而成的新型高性能结构材料,具有优异的力学和物理性能(轻质、高强、抗疲劳、耐超高温及耐腐蚀性能等),是碳纤维材料的拓展创新应用。碳纤维筋植筋为 $\phi6mm$、$\phi10mm$,抗拉强度不小于 1800MPa,断裂伸长率大于 1.5%,相对密度约为钢筋的 1/5	

57	装配式高精度模板	
适用范围	适用于有标准层结构的建筑施工	
推荐理由	(1)材料特性好:刚度强度的完美结合,无须隔离剂。 (2)力学性能强:"框架一体"无须木方,实现清水混凝土效果。 (3)耐候性佳:在-20～130℃的环境下均能正常使用。 (4)周转次数多:使用100次以上,配件可使用300次以上。 (5)仓储维护成本低:不怕风吹日晒雨淋,便于仓储维护。 (6)无辅助安装设备:每平方米质量不超过15kg,劳动强度降低。 (7)招工门槛低:积木式拼装,当地工人可快速上手使用。 (8)发货快,可流通:标准模数设计在不同项目间周转使用。 (9)可满足装配式要求	示例图片
推荐材料简要描述	装配式高精度模板,以塑料模板为基础,共有24种基础型号模板,可自由拼装成项目需求的尺寸,也可预拼装后在项目中配合塔式起重机安装;兼具木模板的灵活性及铝模板的耐久性;同时,内置控制追踪芯片,兼具信息化管理手段	

58	施工现场钢筋笼焊接焊条	
适用范围	适用于施工现场钢筋焊接	
推荐理由	推荐使用J502焊条,禁止使用J422焊条。J422焊条被禁止使用的原因是其低于钢筋标准,容易导致在焊接过程中出现焊缝组织强度低而产生裂纹,或焊条强度高于钢筋,从而在焊缝和钢筋之间形成剥离力,使焊缝产生裂纹。为了保证焊接强度与实际要求相符,一般需要使用J502焊条	示例图片
推荐材料简要描述	J502焊条强度与钢筋相当,是使用它的原因。钢筋材质不同,所用焊条抗拉强度不一样。钢筋焊接强度必须与钢筋一致才能使用。焊条强度不一致,钢筋会出现焊缝组织强度低而产生裂纹;焊条强度高于钢筋,焊缝会与钢筋产生较大的剥离力,同样会产生裂纹	

59	钢模板		
适用范围	适用于各种混凝土墙柱支模施工		
推荐理由	定制钢模板可实现多次周转，降低材料损耗，提高混凝土表面质量，有效保证混凝土截面尺寸，避免使用木模板时发生胀模现象	示例图片	
推荐材料简要描述	柱墙模板高度根据现场实际情况进行制作，柱墙模板柱部分固定采用四角对拉杆形式，墙部分固定采用穿墙对拉杆形式，所有对拉杆采用 20 精轧螺纹钢，穿墙孔横竖向间距控制在 0.9m 内		
60	碲化镉发电玻璃		
适用范围	适用于建筑及构筑物的屋面、外墙、外窗或幕墙		
推荐理由	碲化镉发电玻璃是在玻璃衬底上依次沉积多层半导体薄膜而形成的器件，光电转换效率大于 15%，在建筑中应用可实现光伏与建筑一体化	示例图片	
推荐材料简要描述	碲化镉发电玻璃一般由五层结构组成，依次为玻璃衬底、TCO 层（透明导电氧化层）、窗口层、CdTe 吸收层、背接触层和背电极。其发电系统结构由玻璃、碲化镉电池、中间层、汇流条、绝缘胶带、引出端（接线盒及电缆连接器等）等材料组成		

61	真空玻璃	
适用范围	适用于建筑门窗、幕墙	
推荐理由	性能指标满足《真空玻璃》GB/T 38586—2020 和《建筑门窗幕墙用钢化玻璃》JG/T 455—2014 相关要求。真空玻璃由两块平板玻璃构成,玻璃四周焊接抽真空,真空腔内长期保持真空度,降低了导热率,结合低辐射玻璃使用,真空玻璃传热系数小于 $1.8W/(m^2 \cdot K)$,计权隔声量不小于 35dB,耐久性能试验传热系数变化率小于 8%	示例图片
推荐材料简要描述	两片或两片以上玻璃以支撑物隔开,周边密封,在玻璃间形成真空腔的玻璃制品	
62	后扩底机械锚栓	
适用范围	适用于混凝土连接固定钢板等材料	
推荐理由	(1)具有极高的承载能力,锚固效果与预埋件相当。 (2)具有极高的承载能力,抗疲劳、抗振动,安全可靠	示例图片
推荐材料简要描述	后扩底机械锚栓由螺杆、扩底套管、平垫、弹垫、螺母组成,具有耐高温、可焊接的性能,锚固效果安全可靠,在高负载、振动负载、冲击负载下的锚固效果也很稳定和出色,使用时机械锁定、安装到位后不用等待固化,施工效率高。钻孔直径比普通锚栓小,基本没有膨胀应力,适合小间距和小边距的安装固定。利用其机械构造来实现后锚固连接,它是在基材的预制孔底部进行二次扩孔后再安装的,以便扩孔后的型腔回合锚栓张开的键片形成互锁机构,从而起到锚固效果	